Investigation on Wild Vertebrate
Resources in Baita Lake

白塔湖野生脊椎动物
资源调查研究

杨海炳　　刘宝权◎主编

浙江大学出版社
ZHEJIANG UNIVERSITY PRESS
全国百佳图书出版单位

图书在版编目（CIP）数据

白塔湖野生脊椎动物资源调查研究/杨海炳,刘宝权主编.--杭州：浙江大学出版社，2019.12
　ISBN 978-7-308-19694-9

　Ⅰ．①白… Ⅱ．①杨… ②刘… Ⅲ．①野生动物—脊椎动物门—动物资源—调查研究—诸暨 Ⅳ．①Q959.308

中国版本图书馆CIP数据核字(2019)第241258号

白塔湖野生脊椎动物资源调查研究
杨海炳　刘宝权　主编

责任编辑　季　峥（really@zju.edu.cn）
责任校对　冯其华
封面设计　海　海
排　　版　杭州林智广告有限公司
出版发行　浙江大学出版社
　　　　　（杭州市天目山路148号　　邮政编码310007）
　　　　　（网址：http://www.zjupress.com）
印　　刷　浙江省邮电印刷股份有限公司
开　　本　710mm×1000mm　1/16
印　　张　7.5
插　　页　20
字　　数　131千
版 印 次　2019年12月第1版　2019年12月第1次印刷
书　　号　ISBN 978-7-308-19694-9
定　　价　86.00元

审图号　浙S（2018）150号
浙江大学出版社市场运营中心联系方式：0571-88925591；http://zjdxcbs.tmall.com

生 境

骆善新摄

赵均伟摄

鲇 *Silurus asotus* 关怀宇摄

麦穗鱼 *Pseudorasbora parva* 周佳俊摄

中华花鳅 *Cobitis sinensis* 周佳俊摄

高体鳑鲏 *Rhodeus ocellatus* 周佳俊摄

子陵吻虾虎鱼 *Rhinogobius giurinus* 周佳俊摄

青鳉 *Oryzias latipes* 关怀宇摄

鲢 *Hypophthalmichthys molitrix* 周佳俊摄

福建小鳔鮈 *Microphysogobio fukiensis* 周佳俊摄

盎堂拟鲿 *Pseudobagrus ondon* 周佳俊摄

红鳍原鲌 *Cultrichthys erythropterus* 关怀宇摄

鳘 *Hemiculter leucisculus* 关怀宇摄

河川沙塘鳢 *Odontobutis potamophila* 周佳俊摄

点纹银鮈 *Squalidus wolterstorffi* 周佳俊摄

方氏鳑鲏 *Rhodeus fangi* 周佳俊摄

黄颡鱼 *Pelteobagrus fulvidraco* 关怀宇摄

鲤 *Cyprinus carpio* 周佳俊摄

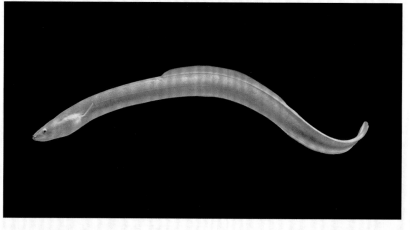

日本鳗鲡
Anguilla japonica
张继灵摄

金线侧褶蛙 *Pelophylax plancyi* 王聿凡摄

阔褶水蛙 *Hylarana latouchii* 王聿凡摄

弹琴蛙 *Nidirana adenopleura* 许济南摄

中华蟾蜍 *Bufo gargarizans* 周佳俊摄

黑斑侧褶蛙
Pelophylax nigromaculatus
王聿凡摄

饰纹姬蛙 *Microhyla fissipes* 王聿凡摄

镇海林蛙 *Rana zhenhaiensis* 许济南摄

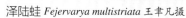

泽陆蛙 *Fejervarya multistriata* 王聿凡摄

虎纹蛙 *Hoplobatrachus chinensis* 赵锷摄

小弧斑姬蛙
Microhyla heymonsi
许济南摄

爬行类

铜蜓蜥 *Sphenomorphus indicus* 许济南摄

中国石龙子 *Plestiodon chinensis* 许济南摄

北草蜥 *Takydromus septentrionalis* 王聿凡摄

多疣壁虎 *Gekko japonicus* 王聿凡摄

中华鳖
Pelodiscus sinensis
许济南摄

赤链蛇 *Lycodon rufozonatum* 王聿凡摄

王锦蛇 *Elaphe carinata* 赵锷摄

短尾蝮 *Gloydius brevicaudus* 赵锷摄

红纹滞卵蛇 *Oocatochus rufodorsatus* 王聿凡摄

赤链华游蛇 *Trimerodytes annularis* 王聿凡摄

乌梢蛇
Ptyas dhumnades
金伟摄

虎斑颈槽蛇
Rhabdophis tigrinus
赵锷摄

黑眉锦蛇
Elaphe taeniura
王聿凡摄

赤腹鹰 *Accipiter soloensis* 温超然摄

苍鹰 *Accipiter gentilis* 温超然摄

红隼 *Falco tinnunculus* 俞肖剑摄

普通鵟 *Buteo japonicus* 陈光辉摄　　游隼 *Falco peregrinus* 陈光辉摄　白腹隼雕 *Aquila fasciatal* 陈光辉摄

小鸦鹃 *Centropus bengalensis* 温超然摄　　　　长耳鸮 *Asio otus* 程国龙摄

斑头鸺鹠 *Glaucidium cuculoides* 温超然摄

领角鸮 *Otus lettia* 周佳俊摄　　　　草鸮 *Tyto longimembris* 程国龙摄

珠颈斑鸠 *Streptopelia chinensis* 温超然摄

大杜鹃 *Cuculus canorus* 陈光辉摄

戴胜 *Upupa epops* 温超然摄

斑嘴鸭 *Anas zonorhyncha* 温超然摄

蚁䴕 *Jynx torquilla* 陈光辉摄

红脚田鸡 *Amaurornis akool* 温超然摄

夜鹭 *Nycticorax nycticorax* 温超然摄

普通翠鸟 *Alcedo atthis* 周佳俊摄

斑姬啄木鸟 *Picumnus innominatus* 温超然摄

环颈雉 *Phasianus colchicus* 温超然摄

林鹬 *Tringa glareola* 温超然摄

矶鹬 *Actitis hypoleucos* 温超然摄

金鸻 *Pluvialis fulva* 温超然摄

灰头麦鸡 *Vanellus cinereus* 温超然摄

水雉 *Hydrophasianus chirurgus* 陈光辉摄

喜鹊 *Pica pica* 温超然摄

小灰山椒鸟 *Pericrocotus cantonensis* 温超然摄

红嘴蓝鹊 *Urocissa erythroryncha* 温超然摄

红尾伯劳 *Lanius cristatus* 温超然摄

大山雀
Parus cinereus
温超然摄

黑领噪鹛 *Garrulax pectoralis* 温超然摄

栗背短脚鹎 *Hemixos castanonotus* 周佳俊摄

纯色山鹪莺 *Prinia inornata* 温超然摄

绿翅短脚鹎 *Ixos mcclellandii* 温超然摄

棕颈钩嘴鹛
Pomatorhinus ruficollis
温超然摄

八哥 *Acridotheres cristatellus* 温超然摄

褐河乌 *Cinclus pallasii* 温超然摄

红嘴相思鸟 *Leiothrix lutea* 温超然摄

虎斑地鸫 *Zoothera aurea* 周佳俊摄

灰纹鹟 *Muscicapa griseisticta* 温超然摄

北红尾鸲 *Phoenicurus auroreus* 温超然摄

黑喉石䳭 *Saxicola maurus* 陈光辉摄

灰鹡鸰 *Motacilla cinerea* 温超然摄

水鹨 *Anthus spinoletta* 温超然摄

红胁蓝尾鸲 *Tarsiger cyanurus* 温超然摄

燕雀 *Fringilla montifringilla* 温超然摄

白眉鹀 *Emberiza tristrami* 温超然摄

黄胸鹀 *Emberiza aureola* 陈光辉摄

三道眉草鹀 *Emberiza cioides* 周佳俊摄

斑文鸟
Lonchura punctulata
周佳俊摄

北社鼠 *Niviventer confucianus* 周佳俊摄　　　　巢鼠 *Micromys minutus* 周佳俊摄

赤腹松鼠 *Callosciurus erythraeus* 温超然摄

华南兔 *Lepus sinensis* 周佳俊摄　　　　刺猬 *Erinaceus amurensis* 周佳俊摄

东亚伏翼 *Pipistrellus abramus* 周佳俊摄

小菊头蝠 *Rhinolophus pusillus* 周佳俊摄

中华菊头蝠 *Rhinolophus sinicus* 周佳俊摄

黄鼬 *Mustela sibirica* 温超然摄

鼬獾 *Mustela sibirica* 周佳俊摄

编辑委员会名单

序

　　湿地是自然界生物多样性最丰富的生态系统之一，栖息其中的众多生命离不开湿地的滋养和哺育，使得湿地成为生命的摇篮、物种的基因库、多种濒危动植物的避难所、无数野生动物的乐园。人类文明的滥觞与传承也离不开湿地。不同地区的人类先民在历史上逐水而居，创造出众多延续至今的辉煌灿烂文化。作为人类最重要的生存环境之一，湿地与人类的生存、繁衍、发展息息相关。

　　湿地公园是湿地生态服务功能的重要载体，是湿地保护、生态恢复与湿地资源可持续利用的有机结合体。作为浙江省最大的自然生态湿地和钱塘江流域保存完好的重要湿地之一，白塔湖湿地在2009年被列入第三批国家湿地公园建设试点，在2015年通过原国家林业局验收，成为绍兴市首个国家湿地公园。白塔湖湿地公园的建立不仅保护了当地湿地生态系统，而且向我们提供了环境与文化兼容的精神享受、以及科学研究、自然教育、游憩和参观的机会，。白塔湖湿地公园成为生态文明和美丽浙江建设的重要载体。

　　区域性的野生动物研究专著是了解和认识当地生物多样性资源的必备参考书。浙江省森林资源监测中心（浙江省林业调查规划设计院）、诸暨白塔湖国家湿地公园管理委员会、中国科学院昆明动物研究所、浙江农林大学、四川宜宾学院等单位联合开展的白塔湖动物科考，有助于及时掌握白塔湖脊椎动物生物多样性现状，评估白塔湖湿地保护成效，为白塔湖湿地公园湿地公园今后的资源保护提供了强有力的决策依据。通过持续两年的科考，共记录野生脊椎动物31目78科229种，新增白塔湖物种新分布记录40种，为查清该地区内的脊椎动物多样性做出重要贡献。该书的编写出版是对白塔湖湿地公园近年来野生动物科考和研究工作的总结，为该地区的野生动物研究提供了重要的基础资料。作为当地首本野生动物学专著，正式出版的《白塔湖野生脊椎动物资源调查研究》将在该地区的野生动物研究、教学、科学普及、湿地环境保护等多领域发挥重要作用，同时助力白塔湖湿地公园资源保护和监测水平的提升，发挥湿地生态系统的生态效益和社会效益，为浙江省湿地系统的生物多样性保护与可持续利用发挥提供示范。

保护湿地，人人有责。湿地保护需要全社会共同参与，管理者、科研工作者和社会公众都需要进一步认识和了解湿地，积极采取有效措施保护湿地资源和维系湿地生态服务功能，为当代人谋福利，也为子孙后代留下一份宝贵的自然文化遗产。希望本该书能够进一步增强公众热爱湿地、珍惜湿地资源、维护湿地健康的意识，为人与自然和谐的社会的建设以及生态文明建设做出贡献。

IUCN物种生存委员会专家组成员
北京大学生命科学学院研究员

李晟

2019年10月1日

前言
PREFACE

湿地与森林、海洋并称为全球三大生态系统，与人类的生存、繁衍、发展息息相关，被誉为"地球之肾""淡水之源""物种基因库"和"储碳库"。但随着社会经济的快速发展，湿地资源的保护与利用矛盾突显。为了加强湿地保护，《国务院办公厅关于加强湿地保护管理的通知》（国办发〔2004〕50号）要求采取建立湿地公园等多种形式，《国务院办公厅关于印发湿地保护修复方案的通知》（国办发〔2016〕89号）提出了全面保护湿地、推进湿地修复、加强湿地公园建设等新要求。湿地公园的建设与发展事关区域生态屏障安全和经济社会可持续发展，是构建生态文明的重要载体，因此，加强湿地公园建设责任重大。

白塔湖位于浙江省诸暨市东北部，是浦阳江（钱塘江一级支流）流域的天然湖荡，内有形态各异的78个岛屿，河网交错，自然曲折，呈现"湖中有田、田中有湖、人湖共居"的景象，水陆相通，风光旖旎，素有"诸暨白塔湖，浙中小洞庭"的美称。2009年12月，作为浙江省最大的自然生态湿地和钱塘江流域保存完好的重要湿地之一，白塔湖被列入第三批国家湿地公园建设试点；2015年12月，通过国家林业局验收，成为绍兴市首个国家湿地公园。

从无到有，从省级到国家级，诸暨市委市政府始终高度重视白塔湖湿地公园的发展建设，围绕湿地公园建设目标，坚持"生态优先、科学修复、合理利用、可持续发展"的原则，根据湿地相关的国家法律法规和政策，结合诸暨实际，采取有针对性的措施来组织实施生态保护、生态旅游、科普宣教项目，全面加强白塔湖湿地公园的保护与恢复，使白塔湖湿地公园呈现出自然质朴、原始独特的湿地风貌，成为集自然湿地、农耕湿地、文化湿地于一体的国家湿地公园。

为了更好地掌握白塔湖湿地公园的生物多样性情况，评估湿地保护成效，2017年初，诸暨白塔湖国家湿地公园管理委员会依托浙江省林业发展和资源保护专项资金，启动了诸暨白塔湖国家湿地公园野生动物资源调查及固定监测样线规划项目。浙江省森林资源监测中心（浙江省林业调查规划设计院）、诸暨白塔湖国家湿地公园管理委员会、中国科学院昆明动物研究所、浙江农林大学、四川宜宾学院等单位，共同组建了项目组，对湿地公园内的水文、气候、土壤、植物植被、鱼类、两栖类、爬行类、鸟类、兽类、社会经济、区域环境等开展了资源本底调查。查清了区域内野生动物资源现状、栖息地情况、人为干扰等，评价现有保护措施，明确湿地公园内野生动物受威胁状况，为湿地公园的资源保护以及今后的科学规划、保护管理等提供强有力的决策依据。

白塔湖湿地公园是钱塘江流域保存完好的重要湿地之一，水草丰茂，为野生动植物提供了良好的生态栖息环境，野生动物资源丰富。通过项目组长达两年的野外调查，共记录白塔湖湿地公园内野生脊椎动物229种，隶属31目78科，占全省总种数的27.8%（数据引用《浙江动物志》），包括鱼类7目15科54种、两栖类1目4科10种、爬行类2目6科13种、鸟类分属16目45科133种、兽类5目9科19种。本项目的突出成绩之一是调查发现白塔湖物种新分布记录40个，包括两栖类6种、爬行类7种、鸟类16种、兽类11种；同时对白塔湖历史上的物种名录重新进行了厘定。另一成绩是发现湿地公园分布的珍稀濒危物种较多，其中，国家Ⅱ级重点保护野生动物12种，《中国生物多样性红色名录——脊椎动物卷》濒危等级易危（VU）及以上物种8种，《世界自然保护联盟濒危物种红色名录》濒危等级易危（VU）及以上物种5种，浙江省重点保护野生动物17种。项目组在野生动物资源调查的基础上对固定监测样线进行了科学规划，旨在通过监测内容的动态测定和观察，获取准确反映白塔湖湿地公园生物多样性动态变化的数据。这将有助于提升白塔湖湿地公园资源保护和监测水平，发挥湿地生态系统的生态效益和社会效益，也可以为浙江省湿地系统的生物多样性保护与可持续利用提供示范。

本书着重介绍白塔湖国家湿地公园野生动物资源调查研究的情况，是根据各个动物门类的专题报告，综合有关的文献、资料所做的系统整理和总结。由于本次野外调查周期短，且该区域历史资料较少，所以文本中难免有疏虞之处，敬请指正。

编　者
2019 年 9 月

目 录
CONTENTS

第❾章 野生动物资源评价

参考文献 … 86

第❶章　湿地公园概况

1.1　自然地理

1.1.1　地理位置

　　白塔湖国家湿地公园位于诸暨市的东北部，涉及店口镇朱家站村、七里村、亭凉树下村、何家山头村、金家站村、青山岭村、白沥畈村、金岭村，山下湖镇新长乐村、广山村共2个镇10个行政村，距杭州市区60km，距绍兴市区35km，距诸暨市中心36km。湿地公园范围东至枫店线内侧850～100m白塔湖外围河港，西至连接七里村与新长乐村的南北向道路，西北至七里村、朱家站村白塔湖水岸边线，北至白沥畈村、亭凉树下村前白塔湖水岸边线，南至新长乐村、何家山头村白塔湖水岸边线。湿地公园总面积为858.56hm²。

1.1.2　地质

　　白塔湖湿地公园在地质上处江山—绍兴深断裂，西北部和东南部分属扬子准地台、华南褶皱系这两个一级构造单元，分属江南（西北区）和华南（东南区）两个地层区，由于历史上经历了大量的地质活动，留下了丰富且比较齐全的地质结构。境内的西北区自中元古界至新生界第四系地层发育较齐全，有大量沉积层出现。

1.1.3　地貌

　　诸暨市全境处于浙东南、浙西北丘陵山区两大地貌单元的交接地带，由东部会稽山低山丘陵、中部浦阳江河谷盆地和北部河网平原组成。四周群山环抱，地势由南向北渐次倾斜，形成北向开口通道式断陷盆地。

　　白塔湖湿地公园地处诸暨北部河网平原地区，属冲湖相地貌，地形平坦，河道纵横交错，将陆地隔成小岛，各小岛地坪绝对标 高多为4.0～4.4m，多种

植农作物。白塔湖三面环山，地势东南高、西北低，浒山、乌龟山、仙人山等
将湖面分割成里湖和外湖。

1.1.4 气候

白塔湖湿地公园的气候属于典型的亚热带季风气候。雨量充沛，温和湿
润，相对湿度82%，多年平均蒸发量851.7mm，但降水年际变化大，多年平均
降雨量1435.1mm，最多降雨量为2012年的2003.2mm，最少降雨量为1967年的
911mm，两者相差一倍以上。年内3—9月为多雨月份，峰值为6月和8月。冬
冷夏热，四季分明。年平均气温16.4℃，1月最冷，7月最热，极端最低气
温−10.2℃（1991年12月29日），极端最高气温42.5℃（2013年8月7日），终霜
日多在3月23日前后，初霜日多在11月19日前后，无霜期236.4天。光照较丰，
年平均日照时数1896.8小时，7—8月日照时数最多，2月最少。

1.1.5 水文

白塔湖湿地公园属浦阳江水系，是诸暨的大湖畈，流域集雨面积是
63.74km²，可电排范围45.82km²，剩余17.92km²的集雨面积通过位于湖畈东部
的东白渠道高水高排，排入枫桥江。湿地公园河渠港汊众多，纵横交错呈网
状，有大小78个岛屿。曲折多变的水道、迂回弯转的堤岛，形成了舟移景异的
水陆景观。

白塔湖湿地公园主要的水源为浦阳江潮水和天然降水，水流由会稽哒石
岭、上岭、倒山岭西流诸水，经横阔、新凉亭至董公汇入。与大多数内陆
湖相似，白塔湖封闭性较强，水流动性差，斗门船闸和斗门排涝泵站为白塔
湖主要进出水道。公园内河道水位基本保持稳定，平均水深1.3～1.4m，
常水位3.8～4.2m，10年一遇洪水水位5.0m，100年一遇洪水水位6.5m（见
表1-1）。

根据《诸暨市白塔湖电排站改造工程初步设计》，白塔湖在常水位时，蓄
水量为551.6×10⁴～712.4×10⁴m³。在陈蔡水库自来水进村入户前，白塔湖是
当地居民生活生产用水的主要来源。

表1-1　白塔湖湿地公园内河道水位表

水位/m	面积/（×10⁴m²）	蓄水量/（×10⁴m³）	备注
3.8	354.9	551.6	常水位低值
4.2	375.0	712.4	常水位高值
5.0	398.9	1028.0	10 年一遇洪水水位
6.5	563.1	1742.3	100 年一遇洪水水位

1.1.6　土壤

白塔湖湿地公园内土壤主要包括水稻土、潮土、红壤土、岩性土四个大类。

水稻土是以种植水稻等粮食作物为主的主要耕作土壤。其在长期淹水种稻条件下，受到人为活动、自然成土因素的双重作用，而产生水耕熟化、氧化与还原交替，以及经过物质的淋溶、淀积，形成特有剖面特征的土壤。广泛分布于农田耕地中。

潮土是河流沉积物受地下水运动和耕作活动影响而形成的土壤，属半水成土。局部分布于主河道干支流两侧。

红壤土是在湿热气候条件下经过强风化、强淋溶而发育的地带性土壤。分布于湿地公园周边浒山、乌龟山等几个低丘小山头。

岩性土是因受母质（或母岩）影响而正常成土过程进行受阻、土壤发育相对年轻、剖面分异较差、母质特征表现明显的一组土壤。主要包括紫色土、石灰土、磷质石灰土、风沙土等土类。分布于湿地公园周边浒山、乌龟山等几个低丘小山头。

1.2　自然资源

1.2.1　植被

白塔湖湿地公园植被有塘基植被、水生植被、山地植被和栽培植被四大类型。垂柳群系、芦苇群系、凤眼莲群系等分布较广，主要分布在湖面静水处及湖岸交接处；其他群系如升马唐群系、革命草群系、蚕茧蓼群系等，均有小面积分布。

1.2.2　野生植物

白塔湖湿地公园有野生维管植物84科198属244种，其中，蕨类植物5科6属7种，裸子植物4科4属5种，被子植物75科188属232种（包括双子叶植物65科159属202种、单子叶植物10科29属30种）。其中，野荞麦、野大豆、野菱为国家Ⅱ级重点保护野生植物。

1.2.3　野生动物

白塔湖湿地公园有野生脊椎动物229种，隶属31目79科，占全省总种数的27.8%，其中，鱼类7目15科54种，两栖类1目4科10种，爬行类2目6科13种，鸟类分属16目45科133种，兽类5目9科19种。其中，国家Ⅱ级重点保护野生动物11种，《中国生物多样性红色名录——脊椎动物卷》濒危等级易危（VU）及以上物种8种，《世界自然保护联盟濒危物种红色名录》（*The IUCN Red List of Threatened Species*，以下简称《IUCN红色名录》）濒危等级易危（VU）及以上物种5种，浙江省重点保护野生动物17种。

1.2.4　旅游资源

白塔湖湿地公园周边现存的历史文化旅游点有柁山坞、白鱼潭、王冕隐居处、白云庵、督江头船埠、朱家祠堂、九婆桥、金牛洞、何文隆故居、贞烈妇庙、埠中遗址等。白塔湖是古越文化发祥地之一。《吴越春秋》云"越王都埠中，在诸暨北界"。"埠中"即今白塔湖一带，越人在这片丰饶的湿地上成长发展。白塔湖周边现留有马坞、良戈舍、营盘、黄连畈、天子山、长安山等一些与越国王室有关的地名，还有古越瓷窑遗址。

1.3 社会经济

1.3.1 土地利用现状

　　白塔湖湿地公园内的土地主要有耕地、坑塘水面及公共设施用地。耕地主要位于湿地公园内部；坑塘水面包括河道以及人工养殖塘；公共设施用地主要有白塔湖国营渔场所属用地。各类用地之间以湿地为纽带，相互紧密联系。按照《诸暨市土地利用总体规划（2006—2020年）》（2014调整完善版）对的，水田和旱地占公园总面积的49.17%，坑塘水面占公园总面积的50.20%（见表1-2）。

表1-2　白塔湖湿地公园土地类型分布表

土地类型	面积 / hm²	占比 / %
坑塘水面	430.90	50.20
水田	419.35	48.84
旱地	2.87	0.33
村庄	1.63	0.19
其他	3.81	0.44
总计	858.56	100.00

1.3.2 交通状况

　　区位交通　白塔湖湿地公园外部交通便捷，距杭州萧山国际机场约50km，距离诸暨火车站（高铁站）约40km，距离诸永高速公路诸暨北出口约15km。沪昆高铁、沪昆铁路、沪昆高速公路位于湿地公园西部，绍诸高速公路环湿地公园东南。枫店线、诸店线和阮山线这三条县级公路，将白塔湖与周边村镇联系在一起，是外部到达白塔湖的主要干道。

　　内部交通　白塔湖湿地公园周边村庄密集，村与村之间以陆上交通为主，相互之间通过乡道连接成公路网，可达性强。此外，居民自家备有农用船，可划船抵达湖内开展田间耕作，湖边无相对固定的码头，农家各户宅旁、路边就可停船。

1.3.3　区域经济发展

白塔湖流域是诸暨市重要的传统粮食生产基地，盛产水稻。农业经济主要有渔业、养殖业和种植业，珍珠养殖和渔业是白塔湖两大传统特色经济。改革开放以来，随着诸暨经济的发展，白塔湖周边块状经济发展迅速，逐渐形成五金、珍珠、轻纺、建材、水泵、印染等多行业并举的产业格局。

店口镇是全国重点镇、中国建制镇综合实力百强镇、全国产学研协同创新示范镇。山下湖镇是中国珍珠之都，是全国最大的淡水珍珠养殖、加工、贸易中心，拥有全国最大的珍珠饰品专业市场——诸暨华东国际珠宝城。山下湖镇的淡水珍珠交易额占全球交易额的70%以上，淡水珍珠产量占全国产量的80%以上。

第❷章　调查研究方法

2.1　调查研究目的和任务

本次野生动物资源调查以物种调查为主，兼备物种生境和生态系统类型的调查。主要任务是查清白塔湖湿地公园陆生野生动物资源现状，对野生动物资源现状进行科学评价，并为白塔湖湿地公园建立野生动物资源监测体系奠定基础。

2.2　调查研究对象和内容

2.2.1　调查对象

调查对象为白塔湖湿地公园及其周边的野生脊椎动物，具体为野生状态下生存的兽类、鸟类、两栖类、爬行类、鱼类的所有种。其中，重点调查：

①国家重点保护野生动物、浙江省重点保护野生动物；

②《中国生物多样性红色名录——脊椎动物卷》濒危等级易危及以上的物种；

③《IUCN红色名录》濒危等级易危及以上物种、其他公约或协定保护的物种；

④特有种、优势种。

2.2.2　调查研究内容

调查研究内容为白塔湖湿地公园及其周边野生脊椎动物种类、分布、栖息地状况和受威胁状况。具体内容包括物种多样性调查与编目、物种资源评价

与保护名录、物种生境状况、物种受威胁程度和保护对策。

2.3　调查方法和数据分析

2.3.1　文献资料整理

收集白塔湖湿地公园及周边地区的野生动物的资料（包括文献、报告、图片）并进行整理，进一步了解该地区野生动物资源的分布及其变动情况，并整理出白塔湖湿地公园的各门类野生动物历史名录。

2.3.2　访问调查

1.保护管理部门

到野生动物保护管理部门进行访问，调查社会经济、栖息地变动、保护管理等状况，收集有关重要珍稀物种的分布区域、种群数量、关键生境状况等，分析生物多样性受威胁状况及因素。

2.当地居民和巡护人员

通过对当地居民和巡护人员等的访谈，了解在调查过程中未发现的物种。根据受访者对动物外形、生活习性、活动季节的描述和过去的调查记录，判断未采集到或未见到的物种。同时，了解不同物种的主要活动季节、生境、习性、数量、利用及生存状况、可能存在的问题及其干扰程度。

3.农贸集市等

主要用于野生鱼类、爬行类调查，访问调查白塔湖湿地公园附近农贸集市的摊位或湿地周边的村民等。

2.3.3　野外调查法

1.红外触发相机陷阱法

主要针对中大型兽类、地栖性鸟类的调查。解决中大型兽类物种及地栖性鸟类野外踪迹难觅的难题。在调查地点布设自动红外数码相机时，选择在目标动物经常行走的小道以及野生动物水源地附近安装相机；对每一台相机进行编号，每一相机对应一记录本，记录相应信息。

根据红外相机记录的信息确定动物的种类、数量和分布等，并记录相机安装位置的生境状况。

2. 样线法

样线法适用于大部分兽类、鸟类、两栖类、爬行类和鱼类。样线布设应考虑野生动物的栖息地类型、活动范围、生态习性、透视度和所使用的交通工具。样线长度应使对该样线的调查在当天能够完成。在样线调查发现动物或其痕迹时，记录动物名称、动物或痕迹种类、数量及距离样线中线的垂直距离、地理位置等信息。

3. 样点法

样点法适用于雀形目鸟类、两栖类、爬行类、鱼类。样点布设时，根据各门类野生动物的栖息地类型、活动范围、生态习性等，合理设置一定数量的样点，以各个样点作为中心点，计数一定半径区域内野生动物的种类及数量，同时记录生境状况。

4. 样方法

样方法适用于爬行类和两栖类，指通过布设一定大小的长方形或正方形的样方，调查并记录其中野生动物或其活动痕迹的方法。在调查样区内随机布设若干个样方，至少四人同时从样方四边向样方中心行进，仔细搜索并记录发现的动物名称及数量，通过计数各个样方内动物数量，估计整个调查区域内动物数量。

5. 集群地直接计数法

集群地直接计数法适用于集群栖息的鸟类，如越冬期候鸟。首先通过访问调查、查阅历史资料等确定动物集群时间、地点、范围等信息，并在地图上标出。然后在动物集群期间进行调查，记录集群地的位置、动物的种类及数量等信息。

6. 笼捕、铗日法

笼捕、铗日法针对小型劳亚食虫目和啮齿目两个类群。在样线或样方内按固定间距设置活捕笼或铁铗的调查方法。

7. 网捕法

网捕法多用于以下两类动物的调查。

①翼手目的调查。在蝙蝠经常出没的林道、狭窄水道上方布设网捕捉，以确定动物的种类和数量。

②鱼类的调查。在水体区域利用抄网、撒网、地笼、钮钓等采样方法，进行鱼类调查。

2.3.4 数据分析

1. 数据记录与处理

调查记录的数据采用法定计量单位，有效数字的位数应根据计量器具的精度确定，不得随意增添或删除。数据汇总、信息管理和制图必须通过数据库和GIS软件进行。建立包括全部调查因子的数据库。各门类野生动物的调查资料数据及统计结果应以统一格式输入数据库。

2. 调查指标

调查指标主要包括物种多样性组成、地理区系、种群结构、居留型、生境类群、特有种、优势种等。

3. 种群优势度指数

种群优势度指数采用 Berger-Parker优势度指数I。

$$I = N_{max}/N_T$$

其中：N_{max} 为优势种群数量；N_T 为全部物种的种群数量。

4. 物种多样性G-F指数

应用基于物种数目的G-F指数公式计算野生动物物种多样性。其中，G 指数计算属内和属间的多样性；F 指数计算科内和科间的多样性；G-F指数测定科属水平上的物种多样性。具体的计算公式如下。

（1）F指数——D_F

对于一个特定的科K：

$$D_{F_K} = -\sum_{i=1}^{n} P_i \ln P_i$$

其中：$P_i = S_{Ki}/S_K$；S_K 为名录中K科中的物种数；S_{Ki} 为名录中K科i属中的物种数；n 为K科中的属数。

一个地区的*F*指数：

$$D_F = -\sum_{K=1}^{m} D_{F_K}$$

其中：*m*为名录中的科数。

（2）*G*指数——D_G

$$D_G = -\sum_{j=1}^{p} D_{G_j} = -\sum_{j=1}^{p} q_j \ln q_j$$

其中：$q_j = S_j/S$；*S*为名录中的物种数；S_j为*j*属中的种物种数；*p*为总属数。

（3）*G-F*指数——D_{G_F}

$$D_{G_F} = 1 - \frac{D_G}{D_F}$$

根据上述公式，计算湿地公园内各门类野生动物的*G-F*指数。

5. 综合评价

综合野外调查与数据分析，对湿地公园野生动物资源、自然地理环境、经济社会状况和保护价值进行综合评价，尤其对生物多样性保护价值、生境保护价值、珍稀濒危物种受威胁现状、栖息地适宜性、人为干扰、外来入侵物种等进行专门评价，分析其威胁因素、功能区划的合理性、管理的有效性、生态系统服务功能等内容，提出野生动物保护管理对策。

第❸章　野生动物多样性及珍稀濒危物种

3.1　湿地公园野生动物多样性

　　白塔湖湿地公园为野生动植物提供了良好的生态栖息环境，野生动物资源丰富。通过长达两年的野外调查，共记录白塔湖湿地公园内野生脊椎动物229种，隶属31目78科，占全省总种数的27.8%（数据引用《浙江动物志》），同时对历年的物种分布名录重新进行了厘定。湿地公园229种野生动物中鱼类7目15科54种，两栖类1目4科10种，爬行类2目6科13种，鸟类分属16目45科133种，兽类5目9科19种。

　　同时，根据《国家重点保护野生动物名录》《中国生物多样性红色名录——脊椎动物卷》《IUCN红色名录》《浙江省重点保护陆生野生动物名录》等统计，白塔湖湿地公园分布的珍稀濒危物种也较多，其中，国家Ⅱ级重点保护野生动物12种，《中国生物多样性红色名录——脊椎动物卷》濒危等级易危（VU）及以上物种8种，《IUCN红色名录》濒危等级易危（VU）及以上物种5种，浙江省重点保护野生动物17种。

3.2　调查新发现

　　本次科考的成绩之一是发现白塔湖湿地公园物种分布新记录40种，其中，两栖类6种，爬行类7种，鸟类16种，兽类11种。白腹隼雕还是绍兴市鸟类分布新记录（见表3-1）。

表3-1 白塔湖湿地公园物种分布新记录

序号	中文名	拉丁名
	两栖纲 Amphibia	
1	饰纹姬蛙	*Microhyla fissipes*
2	小弧斑姬蛙	*Microhyla heymonsi*
3	弹琴蛙	*Nidirana adenopleura*
4	阔褶水蛙	*Hylarana latouchii*
5	黑斑侧褶蛙	*Pelophylax nigromaculatus*
6	镇海林蛙	*Rana zhenhaiensis*
	爬行纲 Reptilia	
1	中华鳖	*Pelodiscus sinensis*
2	多疣壁虎	*Gekko japonicus*
3	中国石龙子	*Plestiodon chinensis*
4	铜蜓蜥	*Sphenomorphus indicus*
5	短尾蝮	*Gloydius brevicaudus*
6	黑眉晨蛇（黑眉锦蛇）	*Orthriophis taeniura*（*Elaphe taeniura*）
7	虎斑颈槽蛇	*Rhabdophis tigrinus*
	鸟纲 Aves	
1	黑苇鳽	*Dupetor flavicollis*
2	绿翅鸭	*Anas crecca*
3	白腹隼雕	*Aquila fasciata*
4	苍鹰	*Accipiter gentilis*
5	普通鵟	*Buteo japonicus*
6	红隼	*Falco tinnunculus*
7	游隼	*Falco peregrinus*
8	针尾沙锥	*Gallinago stenura*

续 表

序号	中文名	拉丁名
9	小鸦鹃	*Centropus bengalensis*
10	蓝翡翠	*Halcyon pileata*
11	蚁䴕	*Jynx torquilla*
12	北鹨	*Anthus gustavi*
13	白颈鸦	*Corvus pectoralis*
14	红喉歌鸲	*Calliope calliope*
15	黑脸噪鹛	*Garrulax perspicillatus*
16	黄胸鹀	*Emberiza aureola*

哺乳纲 Mammalia

序号	中文名	拉丁名
1	刺猬	*Erinaceus amurensis*
2	臭鼩	*Suncus murinus*
3	小菊头蝠	*Rhinolophus pusillus*
4	中华菊头蝠	*Rhinolophus sinicus*
5	大棕蝠	*Eptesicus serotinus*
6	中管鼻蝠	*Murina huttoni*
7	华南兔	*Lepus sinensis*
8	赤腹松鼠	*Callosciurus erythraeus*
9	黄鼬	*Mustela sibirica*
10	黄腹鼬	*Mustela kathiah*
11	鼬獾	*Melogale moschata*

3.3　国家重点保护野生动物

根据《国家重点保护野生动物名录》，白塔湖湿地公园内有国家重点保护野生动物12种，全部为国家Ⅱ级。按动物类别统计，鸟类11种，两栖类1种（见表3-2）。

表3-2　白塔湖湿地公园国家重点保护野生动物

类别	保护等级	中文名	拉丁名
两栖类	国Ⅱ	虎纹蛙	*Hoplobatrachus chinensis*
鸟类	国Ⅱ	白腹隼雕	*Aquila fasciata*
		赤腹鹰	*Accipiter soloensis*
		苍鹰	*Accipiter gentilis*
		普通鵟	*Buteo japonicus*
		红隼	*Falco tinnunculus*
		游隼	*Falco peregrinus*
		小鸦鹃	*Centropus bengalensis*
		草鸮	*Tyto longimembris*
		斑头鸺鹠	*Glaucidium cuculoides*
		领角鸮	*Otus lettia*
		长耳鸮	*Asio otus*

注：国Ⅱ－国家Ⅱ级重点保护野生动物。

3.4 《世界自然保护联盟濒危物种红色名录》 易危及以上物种

《世界自然保护联盟濒危物种红色名录》（以下简称《IUCN红色名录》）是全球动植物物种保护现状最全面的名录，也被认为是生物多样性状况最具权威的指标，由世界自然保护联盟根据物种及地区厘定、编制、维护，旨在向决策者及公众反映保育工作的迫切性，并协助国际社会避免物种灭绝。

根据2018版《IUCN红色名录》，白塔湖湿地公园内有易危（VU）及以上物种5种。其中，极危（CR）等级1种：黄胸鹀；濒危（EN）等级1种：鳗鲡；易危（VU）等级3种：鲤、中华鳖、田鹀（见表3-3）。

表3-3 白塔湖湿地公园《IUCN红色名录》易危及以上物种

类别	濒危等级	中文名	拉丁名
鱼类	VU	鲤	*Cyprinus carpio*
	EN	鳗鲡	*Anguilla japonica*
爬行类	VU	中华鳖	*Pelodiscus sinensis*
鸟类	CR	黄胸鹀	*Emberiza aureola*
	VU	田鹀	*Emberiza rustica*

注：CR-极危；EN-濒危；VU-易危。

3.5 《中国生物多样性红色名录——脊椎动物卷》 易危及以上物种

《中国生物多样性红色名录——脊椎动物卷》全面评估了我国野生脊椎动物濒危状况，旨在贯彻实施《中国生物多样性保护战略与行动计划（2011—

2030）》，积极履行《生物多样性公约》，提高生物多样性保护工作的科学性和有效性。其评估结果会对规划布局物种就地和迁地保护、制定野生动植物保护行动和保护名录、评价建设项目的环境影响、开展全国种质资源本底调查和观测、开展科学研究和普及教育等提供科学依据。

根据《中国生物多样性红色名录——脊椎动物卷》，白塔湖湿地公园有易危（VU）及以上物种8种。其中，濒危（EN）等级5种：鳗鲡、中华鳖、黑眉晨蛇（黑眉锦蛇）、王锦蛇、黄胸鹀；易危（VU）等级3种：乌梢蛇、赤链华游蛇、白腹隼雕（见表3-4）。

表3-4 白塔湖湿地公园《中国生物多样性红色名录——脊椎动物卷》易危及以上物种

类别	濒危等级	中文名	拉丁名
鱼类	EN	鳗鲡	*Anguilla japonica*
爬行类	EN	中华鳖	*Pelodiscus sinensis*
		黑眉晨蛇（黑眉锦蛇）	*Orthriophis taeniura（Elaphe taeniura）*
		王锦蛇	*Elaphe carinata*
	VU	乌梢蛇	*Ptyas dhumnades*
		赤链华游蛇	*Trimerodytes annularis*
鸟类	EN	黄胸鹀	*Emberiza aureola*
	VU	白腹隼雕	*Aquila fasciata*

注：CR-极危；EN-濒危；VU-易危。

3.6 浙江省重点保护野生动物

《浙江省重点保护陆生野生动物名录》是浙江省野生动物法律法规体系建设的重要内容，是贯彻《中华人民共和国野生动物保护法》《浙江省陆生野生动物保护条例》、开展野生动物保护管理工作的重要依据之一。依据2016年版

《浙江省重点保护陆生野生动物名录》，白塔湖湿地公园有浙江省重点保护野生动物17种，其中，爬行类2种，鸟类13种，兽类2种（见表3-5）。

表3-5 白塔湖湿地公园浙江省重点保护野生动物

类别	中文名	拉丁名
爬行类	黑眉晨蛇（黑眉锦蛇）	*Orthriophis taeniura*（*Elaphe taeniura*）
	王锦蛇	*Elaphe carinata*
鸟类	绿头鸭	*Anas platyrhynchos*
	斑嘴鸭	*Anas zonorhyncha*
	绿翅鸭	*Anas crecca*
	大杜鹃	*Cuculus canorus*
	小杜鹃	*Cuculus poliocephalus*
	戴胜	*Upupa epops*
	斑姬啄木鸟	*Picumnus innominatus*
	蚁䴕	*Jynx torquilla*
	红尾伯劳	*Lanius cristatus*
	棕背伯劳	*Lanius schach*
	画眉	*Garrulax canorus*
	红嘴相思鸟	*Leiothrix lutea*
	黄胸鹀	*Emberiza aureola*
兽类	黄鼬	*Mustela sibirica*
	黄腹鼬	*Mustela kathiah*

3.7 湿地公园珍稀濒危动物汇总

白塔湖国家湿地公园珍稀濒危动物汇总情况见表3-6。

表3-6 白塔湖湿地公园珍稀濒危动物

纲、目、科、种	保护等级	IUCN红色名录	中国生物多样性红色名录
一、鱼纲 PISCES			
（一）鳗鲡目 ANGUILLIFORMES			
1）鳗鲡科 Anguillidae			
1. 鳗鲡 *Anguilla japonica*		EN	EN
（二）鲤形目 CYPRINIFORMES			
2）鲤科 Cyprinidae			
2. 鲤 *Cyprinus carpio*		VU	
二、两栖纲 AMPHIBIA			
（三）无尾目 ANURA			
3）叉舌蛙科 Dicroglossidae			
3. 虎纹蛙 *Hoplobatrachus chinensis*	国Ⅱ		VU
三、爬行纲 REPTILIA			
（四）龟鳖目 TESTUDINES			
4）鳖科 Trionychidae			
4. 中华鳖 *Pelodiscus sinensis*		VU	EN
5）游蛇科 Colubridae			
5. 黑眉晨蛇（黑眉锦蛇）*Orthriophis taeniurus*（*Elaphe taeniura*）	省重点		EN
6. 乌梢蛇 *Ptyas dhumnades*	省重点		VU
7. 赤链华游蛇 *Trimerodytes annularis*			VU
8. 王锦蛇 *Elaphe carinata*	省重点		EN
四、鸟纲 AVES			

续　表

纲、目、科、种	保护等级	IUCN 红色名录	中国生物多样性红色名录
（五）雁形目 ANSERIFORMES			
6）鸭科 Anatidae			
9. 绿头鸭 *Anas platyrhynchos*	省重点		
10. 斑嘴鸭 *Anas zonorhyncha*	省重点		
11. 绿翅鸭 *Anas crecca*	省重点		
（六）鹃形目 CUCULIFORMES			
7）杜鹃科 Cuculidae			
12. 大杜鹃 *Cuculus canorus*	省重点		
13. 小杜鹃 *Cuculus poliocephalus*	省重点		
14. 小鸦鹃 *Centropus bengalensis*	国Ⅱ		
（七）鸮形目 STRIGIFORME			
8）鸱鸮科 Strgdae			
15. 斑头鸺鹠 *Glaucidium cuculoides*	国Ⅱ		
16. 领角鸮 *Otus lettia*	国Ⅱ		
17. 长耳鸮 *Asio otus*	国Ⅱ		
9）草鸮科 Tytonidae			
18. 草鸮 *Tyto longimembris*	国Ⅱ		
（八）犀鸟目 BUCEROTIFORMWS			
10）戴胜科 Upupidae			
19. 戴胜 *Upupa epops*	省重点		
（九）啄木鸟目 PICFORMES			
11）啄木鸟科 Picidae			
20. 斑姬啄木鸟 *Picumnus innominatus*	省重点		
21. 蚁䴕 *Jynx torquilla*	省重点		
（十）鹰形目 ACCIPITRIFORMES			
12）鹰科 Accipitridae			

续 表

纲、目、科、种	保护等级	IUCN 红色名录	中国生物多样性红色名录
22. 白腹隼雕 *Aquila fasciata*	国Ⅱ		VU
23. 赤腹鹰 *Accipiter soloensis*	国Ⅱ		
24. 苍鹰 *Accipiter gentilis*	国Ⅱ		
25. 普通𫛭 *Buteo japonicus*	国Ⅱ		
（十一）隼形目 FALCONIFORMES			
13）隼科 Falconidae			
26. 红隼 *Falco tinnunculus*	国Ⅱ		
27. 游隼 *Falco peregrinus*	国Ⅱ		
（十二）雀形目 PASSERIFORMES			
14）噪鹛科 Leiothrichidae			
28. 画眉 *Garrulax canorus*	省重点		
29. 红嘴相思鸟 *Leiothrix lutea*	省重点		
15）伯劳科 Laniidae			
30. 棕背伯劳 *Lanius schach*	省重点		
31. 红尾伯劳 *Lanius cristatus*	省重点		
16）鹀科 Emberizidae			
32. 黄胸鹀 *Emberiza aureola*	省重点	CR	EN
33. 田鹀 *Emberiza rustica*		VU	
五、哺乳纲 MAMMALIA（兽类）			
（十三）食肉目 CARNIVORA			
17）鼬科 Mustelidae			
34. 黄腹鼬 *Mustela kathiah*	省重点		
35. 黄鼬 *Mustela sibirica*	省重点		

注：①濒危等级：CR-极危；EN-濒危；VU-易危。

②保护等级：国Ⅱ-国家Ⅱ级重点保护野生动物；省重点：浙江省重点保护野生动物。

第❹章　鱼类资源

4.1　调查路线和时间

鱼类是白塔湖湿地公园重要的资源生物，占据水生生态系统的各层空间和食物链的各个消费者层次，不仅能够调控各消费者层次的生物量，还能够调控初级生产者藻类和水生高等植物的群落结构和功能，对水生生态系统稳定性有重要的调控作用，具有重要的生态及环境意义。

白塔湖湿地公园鱼类资源调查于2017年和2018年的4—8月进行，调查范围是湿地公园所有湖内河网、水道等，以直接捕获法获取活体标本并现场鉴定为主，以渔获物补充调查法与走访调查为补充。

4.2　调查方法和物种鉴定

白塔湖湿地公园鱼类调查主要采用以下几种方法。

直接捕获法：在湿地公园水系流域内，调查人员在当地熟悉水情的村民协助下开展野外采集。采集工具包括撒网、抄网、钓钩、丝网和虾笼等多种渔具。

渔获物补充调查法：在湿地公园附近农贸集市的水产摊位或从湿地周边的村民处购买可以确定来源为白塔湖水域范围内的鱼类。

调查人员通过肉眼观察记录和数码相机拍照等方法，将捕获物种进行现场初步识别并记录下来。对于捕捞到的珍稀濒危物种，在进行鉴定并留存影像记录后放生；其他物种留2～3尾作样本留存。留存的标本在拍摄活体照片后，洗净，浸入75%酒精溶液中保存，以便核对或做进一步鉴定。

物种鉴定参照《浙江动物志·淡水鱼类》《中国动物志·硬骨鱼纲·鲤形

目》（中、下卷）、《中国动物志·硬骨鱼纲·鲶形目》等进行分类鉴定，物种名录整理主要依照《中国内陆鱼类物种与分布》。保护等级参考《中国生物多样性红色名录——脊椎动物卷》《国家重点保护野生动物名录》等资料。

4.3　物种多样性和特征

　　白塔湖湿地公园野外调查共记录鱼类54种，隶属7目15科41属，除团头鲂（原产于长江中游）、银鲫（原产北方各水系）、白鲫（原产于日本）、大口黑鲈（原产于北美洲）4种鱼类为养殖引入种外，其余50种鱼类均为原生种。

　　鱼类资源中，以鲤形目种类最多，共38种，占总数的70.4%；鲈形目次之，共8种，占总数的14.8%；其余各目占比均较小（见表4-1）。

表4-1　白塔湖湿地公园鱼类物种组成

目、科、属、种	中国生物多样性名录	IUCN红色名录	中国特有种
一、鳗鲡目 ANGUILLIFORMES			
（一）鳗鲡科 Anguillidae			
1）鳗鲡属 *Anguilla*			
1. 鳗鲡 *Anguilla japonica*	EN	EN	
二、鲱形目 CLUPEIFORMES			
（二）鳀科 Engraulidae			
2）鲚属 *Coilia*			
2. 刀鲚 *Coilia nasus*	LC	—	
三、鲤形目 CYPRINIFORMES			
（三）鲤科 Cyprinidae			
3）细鲫属 *Aphyocypris*			
3. 中华细鲫 *Aphyocypris chinensis*	LC	LC	

续　表

目、科、属、种	中国生物多样性名录	IUCN红色名录	中国特有种
4）草鱼属 *Ctenopharyngodon*			
4. 草鱼 *Ctenopharyngodon idella*	LC		
5）青鱼属 *Mylopharyngodon*			
5. 青鱼 *Mylopharyngodon piceus*	LC	DD	
6）红鳍鲌属 *Chanodichthys*			
6. 达氏鲌 *Chanodichthys dabryi*	LC	LC	
7. 蒙古鲌 *Chanodichthys mongolicus*	LC	LC	
7）鲌属 *Culter*			
8. 翘嘴鲌 *Culter alburnus*	LC	—	
8）原鲌属 *Culterichthys*			
9. 红鳍原鲌 *Culterichthys erythropterus*	LC	LC	
9）鳘属 *Hemiculter*			
10. *Hemiculter leucisculus*	LC	LC	
10）鲂属 *Megalobrama*			
11. 团头鲂 *Megalobrama amblycephala*	LC	LC	√
11）鳊属 *Parabramis*			
12. 鳊 *Parabramis pekinensis*	LC	—	
12）飘鱼属 *Pseudolaubuca*			
13. 银飘鱼 *Pseudolaubuca sinensis*	LC	LC	
13）似鳊属 *Toxabramis*			
14. 似鳊 *Toxabramis swinhonis*	LC	—	
14）鲴属 *Xenocypris*			
15. 黄尾鲴 *Xenocypris davidi*	LC	—	
15）鳙属 *Aristichthys*			

目、科、属、种	中国生物多样性名录	IUCN 红色名录	中国特有种
16. 鳙 *Aristichthys nobilis*	LC	DD	
16）鲢属 *Hypophthalmichthys*			
17. 鲢 *Hypophthalmichthys molitrix*	LC	NT	
17）鳑属 *Acheilognathus*			
18. 兴凯鳑 *Acheilognathus chankaensis*	LC	—	
19. 缺须鳑 *Acheilognathus imberbis*	LC	—	√
20. 大鳍鳑 *Acheilognathus macropterus*	LC	DD	
18）鳑鲏属 *Rhodeus*			
21. 方氏鳑鲏 *Rhodeus fangi*	LC		
22. 高体鳑鲏 *Rhodeus ocellatus*	LC	DD	
23. 中华鳑鲏 *Rhodeus sinensis*	LC	LC	
19）棒花鱼属 *Abbottina*			
24. 棒花鱼 *Abbottina rivularis*	LC	—	
20）鮈属 *Hemibarbus*			
25. 唇鮈 *Hemibarbus labeo*	LC	—	
26. 花鮈 *Hemibarbus maculatus*	LC		
21）小鳔鮈属 *Microphysogobio*			
27. 福建小鳔鮈 *Microphysogobio fukiensis*	DD	LC	√
22）麦穗鱼属 *Pseudorasbora*			
28. 麦穗鱼 *Pseudorasbora parva*	LC	LC	
23）鰟属 *Sarcocheilichthys*			
29. 黑鳍鰟 *Sarcocheilichthys nigripinnis*	LC	—	
30. 华鰟 *Sarcocheilichthys sinensis*	LC	LC	
24）银鮈属 *Squalidus*			

续 表

目、科、属、种	中国生物多样性名录	IUCN 红色名录	中国特有种
31. 银鮈 *Squalidus argentatus*	LC	DD	
32. 点纹银鮈 *Squalidus wolterstorffi*	LC	LC	√
25）鲫属 *Carassius*			
33. 鲫 *Carassius auratusauratus*	LC	LC	
34. 白鲫 *Carassius auratuscuvieri*			
35. 银鲫 *Carassius auratusgibelio*	LC	—	
26）鲤属 *Cyprinus*			
36. 鲤 *Cyprinus carpio*	LC	VU	
（四）花鳅科 Cobitidae			
27）花鳅属 *Cobitis*			
37. 中华花鳅 *Cobitis sinensis*	LC	LC	√
28）泥鳅属 *Misgurnus*			
38. 泥鳅 *Misgurnus anguillicaudatus*	LC	LC	
四、鲇形目 SILURIFORMES			
（五）鲇科 Siluridae			
29）鲇属 *Silurus*			
39. 鲇 *Silurus asotus*	LC	LC	
40. 大口鲇 *Silurus meridionalis*	LC	LC	√
（六）鲿科 Bagridae			
30）拟鲿属 *Pseudobagrus*			
41. 黄颡鱼 *Pseudobagrus fulvidraco*	LC	—	
42. 盎堂拟鲿 *Pseudobagrus ondon*	DD	LC	√
五、颌针鱼目 BELONIFORMES			
（七）大颌鳉科 Adrianichthyidae			

目、科、属、种	中国生物多样性名录	IUCN 红色名录	中国特有种
31）青鳉属 *Oryzias*			
43. 青鳉 *Oryzias latipes*	LC	LC	
（八）鱵科 Hemiramphidae			
32）下鱵属 *Hyporhamphus*			
44. 间下鱵 *Hyporhamphus intermedius*	LC	—	
六、合鳃鱼目 SYNBRANCHIFORMES			
（九）合鳃鱼科 Synbranchidae			
33）黄鳝属 *Monopterus*			
45. 黄鳝 *Monopterus albus*	LC	LC	
（十）刺鳅科 Mastacembelidae			
34）光盖刺鳅属 *Sinobdella*			
46. 中华光盖刺鳅 *Sinobdella sinensis*	DD	LC	
七、鲈形目 PERCIFORMES			
（十一）鮨鲈科 Pecichthyidae			
35）鳜属 *Siniperca*			
47. 翘嘴鳜 *Siniperca chuatsi*	LC	—	
（十二）沙塘鳢科 Odontobutidae			
36）黄黝鱼属 *Micropercops*			
48. 小黄黝鱼 *Micropercops swinhonis*	LC	LC	√
37）沙塘鳢属 *Odontobutis*			
49. 河川沙塘鳢 *Odontobutis potamophila*	LC	—	√
（十三）虾虎鱼科 Gobiidae			
38）鲻虾虎鱼属 *Mugilogobius*			

续 表

目、科、属、种	中国生物多样性名录	IUCN红色名录	中国特有种
50. 黏皮鲻虾虎鱼 *Mugilogobius myxodermus*	DD	—	√
39）吻虾虎鱼属 *Rhinogobius*			
51. 波氏吻虾虎鱼 *Rhinogobius cliffordpopei*	LC	—	
52. 子陵吻虾虎鱼 *Rhinogobius giurius*	LC	LC	
（十四）鳢科 Channidae			
40）鳢属 *Channa*			
53. 乌鳢 *Channa argus*	LC		
（十五）棘臀鱼科 Centrarchidae			
41）黑鲈属 *Micropterus*			
54. 大口黑鲈 *Micropterus salmoides*			

注：濒危等级：CR-极危；EN-濒危；VU-易危；NT-近危；LC-无危；DD-数据缺乏；"—"-未评估。

4.4 生态类群和优势种

4.4.1 生态类群

根据鱼类栖息与繁殖水域环境的不同，以及Elliott等对河口鱼类生态类群的分类方法，结合《浙江动物志·淡水鱼类》对浙江省鱼类生态分布情况的整理，白塔湖湿地公园鱼类资源按生态类型划分，除鳗鲡因需要降海洄游进行繁殖，为降海洄游型外，其余鱼类均为江河定居型。江河定居型鱼类栖息于水流平缓的相对静水环境，包括大的江河干流、湖泊水库和池塘水田等。

4.4.2 优势种

白塔湖湿地公园鱼类资源优势种主要为养殖放流的原生经济鱼类和钱塘

江水系常见的非经济鱼类，如青鱼、草鱼、鲢、鳙、鲫、高体鳑鲏、麦穗鱼、黄颡鱼、黄鳝、泥鳅、中华花鳅、鲶、子陵吻虾虎鱼、乌鳢等。

4.5 珍稀濒危物种

4.5.1 珍稀濒危物种概况

白塔湖湿地公园54种鱼类中，鳗鲡被《IUCN红色名录》和《中国生物多样性红色名录——脊椎动物卷》列为濒危（EN）等级，鲤被《IUCN红色名录》列为易危（VU）等级；但是，依据Kottelat等的结论，将鲤分为*Cyprinus carpio*和*Cyprinus rubrofuscus*两个种，前者分布于欧洲地区和西亚，后者分布于亚洲东部。IUCN采用此观点，因此其引用的*Cyprinus carpio*只包含鲤在欧洲和西亚的种群，被评估为易危（VU），主要致危因素为河道整改、航运影响、引入外来物种带来的疾病和杂交风险。鲤的东亚种群被作为独立种*Cyprinus rubrofuscus*，为无危（LC）物种，与《中国生物多样性红色名录——脊椎动物卷》中的鲤*Cyprinus carpio*一致。

4.5.2 重要物种分述

鳗鲡 *Anguilla japonica*

【**分类地位**】鳗鲡目ANGUILLIFORMES，鳗鲡科Anguillidae

【**形态特征**】鳗鲡体背泥褐色或灰褐色，体侧和腹部白色；头较小而尖，身体细长，前部近似圆筒状，后部侧扁。鳗鲡有连为一体的背鳍、尾鳍、臀鳍，并有胸鳍一对。它体表有黏液，有细鳞埋于皮下。

【**生活习性**】鳗鲡是海生河长的洄游性鱼类，一生洄游于江河淡水和海洋咸水之间。在淡水水域长大的鳗鲡，性成熟后产卵于近海。在海洋中孵化的鳗苗，在每年的春天汇集于河口，溯江而上，进入江河的淡水区域乃至稻田，觅食索饵。长大且性成熟的鳗鲡又在每年的霜降或立冬前后顺流而下，进入海洋繁殖后代。鳗鲡在淡水区域生长，主要捕食河虾、小鱼、蚯蚓、贝类、水生昆虫等。鳗鲡白天潜栖于水下石缝里、桥墩下、涵洞处、水底草丛中，黄昏时刻出洞觅食，风雨交加之时更加活跃。

【珍稀濒危等级】《IUCN红色名录》和《中国生物多样性红色名录——脊椎动物卷》濒危（EN）等级。

【资源现状】在我国从北到南长达1800km的沿海和入海的江河，曾有鳗鲡广泛分布，其中以长江、钱塘江、闽江等的河口地段尤多，江、浙两省的鳗苗资源约占全国的一半以上。鳗鲡肉质鲜美，营养价值高，素有"水中人参"之称。随着消费量的增长，且养鳗业人工繁殖技术至今尚未解决，中国各地鳗苗捕捞出现了"掠夺"式的模式，加上近些年中国沿海湿地减少，鳗苗进入内河的可能性越来越小，已造成其资源严重匮乏。由于鳗鲡资源急剧衰退，因此《IUCN红色名录》和《中国生物多样性红色名录——脊椎动物卷》将其列为濒危（EN）等级。

白塔湖湿地公园的建立虽然加强了资源保护，但是由于鳗鲡是从近海洄游至内陆水域，历史上长期过度捕捞和沿海工程建设侵蚀了鳗鲡适宜的生境，资源锐减，外加洄游鳗鲡已很难再到达白塔湖湿地公园，因此，湿地公园内鳗鲡现已非常少见。

第❺章 两栖类资源

5.1 调查路线和时间

两栖类资源调查分别于2017年和2018年的4—8月进行。白塔湖湿地公园为河网平原，河网交错，自然曲折，沿线有众多农田，78个岛屿形态各异。两栖类资源调查样线布设以河网流域两岸为主，兼顾静水池塘、农田等多类生境。

5.2 调查方法和物种鉴定

根据两栖类物种多为昼伏夜出型的特性，样线调查选择在日落前0.5小时至日落后4小时进行。夜晚样线调查通过手电或头灯寻找、辨听两栖鸣声等方法确定调查区域内两栖类物种的种类、数量和分布状况，并用GPS（全球定位系统）记录观察到的两栖类位置，通过相机拍照记录物种形态、行为及生境信息。

物种鉴定依据《浙江动物志·两栖类　爬行类》《中国两栖动物检索及图解》《中国两栖动物及其分布彩色图鉴》、中国科学院昆明动物研究所中国两栖类信息系统等进行。保护等级参考《中国生物多样性红色名录——脊椎动物卷》《国家重点保护野生动物名录》等资料。

有选择性地采集个体标本，用于测定形态数据和分类鉴定。量度采用电子数显游标卡尺，数据精确到0.1mm。标本先以8%～10%福尔马林固定，再经清水冲洗，最终以75%酒精保存。存疑物种在福尔马林固定前进行肝脏取样，用于后续的物种基因测序鉴定（DNA条形码技术）。

5.3 物种多样性和特征

5.3.1 物种组成

　　白塔湖湿地公园野外调查共记录两栖类物种10种，隶属1目4科8属，占全省两栖类物种总数［48种，根据中国两栖类更新名录（网站：www.amphibiachina.org）］的20.83%。其中，无尾目4科8属10种：蟾蜍科1属1种，姬蛙科1属2种，叉舌蛙科2属2种，蛙科4属5种（见表5-1）。10种两栖类物种中，蛙科物种是白塔湖湿地公园两栖类物种的主要组成部分，占白塔湖湿地公园两栖类物种总数的50%。

表5-1　白塔湖湿地公园两栖类物种组成

目、科、属、种	中国特有种	保护等级	中国生物多样性红色名录	IUCN红色名录	分布型	地理分布
无尾目 ANURA						
（一）蟾蜍科 Bufonidae						
1）蟾蜍属 *Bufo*						
1. 中华蟾蜍 *Bufo gargarizans*		省一般	LC	LC	Eg	OP
（二）姬蛙科 Microhylidae						
2）姬蛙属 *Microhyla*						
2. 饰纹姬蛙 *Microhyla fissipes*		省一般	LC	LC	Wc	S/C
3. 小弧斑姬蛙 *Microhyla heymonsi*		省一般	LC	LC	Wc	S/C
（三）叉舌蛙科 Dicroglossidae						
3）陆蛙属 *Fejervarya*						
4. 泽陆蛙 *Fejervarya multistriata*		省一般	DD	DD	We	S/C
4）虎纹蛙属 *Hoplobatrachus*						
5. 虎纹蛙 *Hoplobatrachus chinensis*		国Ⅱ	LC	—	Wc	S/C
（四）蛙科 Ranidae						

续　表

目、科、属、种	中国特有种	保护等级	中国生物多样性红色名录	IUCN红色名录	分布型	地理分布
5）琴蛙属 *Nidirana*						
6. 弹琴蛙 *Nidirana adenopleura*	√	省一般	LC	—	Sc	O
6）水蛙属 *Hylarana*						
7. 阔褶水蛙 *Hylarana latouchii*	√	省一般	LC	LC	Se	S/C
7）侧褶蛙属 *Pelophylax*						
8. 黑斑侧褶蛙 *Pelophylax nigromaculatus*		省一般	NT	NT	Ea	OP
9. 金线侧褶蛙 *Pelophylax plancyi*	√	省一般	LC	LC	E	OP
8）蛙属 *Rana*						
10. 镇海林蛙 *Rana zhenhaiensis*	√	省一般	LC	LC	Sd	S/C

注：①保护等级：国Ⅱ－国家Ⅱ级重点保护野生动物；省重点－浙江省重点保护陆生野生动物；省一般－浙江省一般保护陆生野生动物。

②濒危等级：CR－极危；EN－濒危；VU－易危；NT－近危；LC－无危；DD－数据缺乏；"—"－未评估。

③地理分布：O－东洋界分布；C－东洋界华中区分布；S/C－东洋界华中区和华南区分布；OP－东洋界和古北界广布。

④分布型：E－季风型；Ea－季风区型包括阿穆尔或再延展至俄罗斯远东地区；Eg－季风区型包括乌苏里、朝鲜；Sc－南中国型热带—中亚热带；Sd－南中国型热带—北亚热带；Se－南中国型南亚热带—中亚热带；Si－南中国型中亚热带；Wc－东洋型热带—中亚热带；We－东洋型热带—温带。

根据G-F指数计算公式，计算白塔湖湿地公园内的两栖类物种的G-F指数，结果见表5-2。

表5-2　白塔湖湿地公园两栖类物种G指数、F指数、G-F指数

科数	属数	G指数	F指数	G-F指数
4	8	2.03	2.03	0

表5-2的结果表明，白塔湖湿地公园两栖类物种在科内和科间的多样性、属内和属间的多样性都较低。G-F指数代表科属水平上的物种多样性，白塔湖

湿地公园两栖类物种的*G-F*指数等于零，说明白塔湖湿地公园两栖类物种有较多的单种科。

5.3.2　分布特点

白塔湖湿地公园的两栖类物种根据其栖息环境的特点，分为静水型两栖类和陆栖型两栖类2种类型。

白塔湖湿地公园内静水型两栖类主要分布在水田、池塘、水坑等静水区域或附近。白塔湖湿地公园内有静水型两栖类8种，分别是弹琴蛙、黑斑侧褶蛙、阔褶水蛙、饰纹姬蛙、小弧斑姬蛙、泽陆蛙、虎纹蛙和金线侧褶蛙。陆栖型两栖类除繁殖期外，其他时间均营陆生生活，白塔湖湿地公园内有陆栖型两栖类2种，分别为中华蟾蜍和镇海林蛙。

5.3.3　中国特有种

在白塔湖湿地公园10种两栖类物种中，有中国特有种4种，为弹琴蛙、阔褶水蛙、金线侧褶蛙、镇海林蛙，占白塔湖湿地公园两栖类物种总数的40%，占全国两栖类特有种（281种，根据《中国两栖动物及其分布彩色图鉴》）的1.41%。

5.4　区系组成和优势种

5.4.1　区系组成

在白塔湖湿地公园记录的10种两栖类物种中，东洋界成分共有7种，分别是饰纹姬蛙、小弧斑姬蛙、泽陆蛙、弹琴蛙、阔褶水蛙、镇海林蛙和虎纹蛙，占总数的70%；古北界成分共有3种，分别是中华蟾蜍、黑斑侧褶蛙和金线侧褶蛙，占总数的30%。

在7种东洋界成分中，华中华南区成分有6种，分别为泽陆蛙、虎纹蛙、饰纹姬蛙、小弧斑姬蛙、阔褶水蛙、镇海林蛙，占白塔湖湿地公园东洋界成分的85.71%；华中华南西南区成分有1种，为弹琴蛙，占白塔湖湿地公园东洋界成分的14.29%。

由此可见，白塔湖湿地公园两栖类物种以东洋界华中华南区共有成分为主；其次是古北界成分；东洋界华中华南西南区成分最少，仅1种。

5.4.2　地理分布型

参考《中国动物地理》对我国陆生脊椎动物的分布划分，白塔湖湿地公园的两栖类物种可分为南中国型（S）、东洋型（W）和季风型（E）3个分布型。

在白塔湖湿地公园的两栖类物种中，以东洋型成分为主，共有4种，占物种总数的40%；南中国型成分共3种，占物种总数的30%；季风型成分共3种，占物种总数的30%。

白塔湖地处亚热带季风气候区，湿地公园两栖类物种以东洋型成分稍占优势，南中国型成分和季风型成分持平。故白塔湖湿地公园是南中国型种类、东洋型种类相互渗透扩散的过渡地带。

5.4.3　优势种

白塔湖湿地公园为河网平原，岛屿众多且形态各异，水道自然曲折，沿线有众多农田。故白塔湖湿地公园内以静水型两栖类为主。调查发现，静水型两栖类优势种主要有饰纹姬蛙、泽陆蛙、金线侧褶蛙。其中，泽陆蛙和饰纹姬蛙主要分布在平原区域的农田、静水塘和积雨的临时水坑；金线侧褶蛙主要分布于水岸边、河流水生植物隐蔽处和水塘，相对泽陆蛙和饰纹姬蛙，更能适应水生环境。白塔湖湿地公园两栖类物种调查数量及种群优势度见表5-3。

表5-3　白塔湖湿地公园两栖类物种调查数量及种群优势度

目、科、属、种	调查数量	种群优势度
无尾目 ANURA		
（一）蟾蜍科 Bufonidae		
1）蟾蜍属 *Bufo*		
1. 中华蟾蜍 *Bufo gargarizans*	27	1.81%
（二）姬蛙科 Microhylidae		

续　表

目、科、属、种	调查数量	种群优势度
2）姬蛙属 *Microhyla*		
2. 饰纹姬蛙 *Microhyla fissipes*	131	8.77%
3. 小弧斑姬蛙 *Microhyla heymonsi*	19	1.27%
（三）叉舌蛙科 Dicroglossidae		
3）陆蛙属 *Fejervarya*		
4. 泽陆蛙 *Fejervarya multistriata*	754	50.50%
4）虎纹蛙属 *Hoplobatrachus*		
5. 虎纹蛙 *Hoplobatrachus chinensis*	4	0.27%
（四）蛙科 Ranidae		
5）琴蛙属 *Nidirana*		
6. 弹琴蛙 *Nidirana adenopleura*	22	1.47%
6）水蛙属 *Hylarana*		
7. 阔褶水蛙 *Hylarana latouchii*	8	0.54%
7）侧褶蛙属 *Pelophylax*		
8. 黑斑侧褶蛙 *Pelophylax nigromaculatus*	35	2.34%
9. 金线侧褶蛙 *Pelophylax plancyi*	476	31.88%
8）蛙属 *Rana*		
10. 镇海林蛙 *Rana zhenhaiensis*	17	1.14%

5.5　珍稀濒危物种

5.5.1　珍稀濒危物种概况

白塔湖湿地公园10种两栖类中，虎纹蛙被《国家重点保护野生动物名录》

列为国家Ⅱ级重点保护野生动物，被《IUCN红色名录》和《中国生物多样性红色名录——脊椎动物卷》列为濒危（EN）等级；黑斑侧褶蛙被《IUCN红色名录》和《中国生物多样性红色名录——脊椎动物卷》列为近危（NT）等级。

5.5.2　重要物种分述

虎纹蛙 *Hoplobatrachus chinensis*

【分类地位】无尾目ANURA，叉舌蛙科Dicroglossidae

【形态特征】体形硕大，头长大于头宽，吻端钝尖，瞳孔横椭圆形，鼓膜明显，约为眼径的3/4。无背侧褶。雄性第一指上灰色婚垫发达，有一对咽侧外声囊。后肢较短，前伸贴体时胫跗关节达眼至肩部，指间无蹼；趾间全蹼。体背面粗糙，背部有长短不一、多断续排列成纵行的肤棱，其间散有小疣粒，胫部纵行肤棱明显；头侧、手、足背面和体腹面光滑。背面多为黄绿色或灰棕色，散有不规则的深绿褐色斑纹；四肢横纹明显；体和四肢腹面肉色，咽、胸部有棕色斑，胸后和腹部略带浅蓝色，有斑或无斑。

【生活习性】虎纹蛙生活于海拔20～1120m的山区、平原、丘陵地带的稻田、鱼塘、水坑和沟渠内。其白天隐匿于水域岸边的洞穴内；夜间外出活动。跳跃能力很强，稍有响动即迅速跳入深水中。成蛙捕食各种昆虫，也捕食蝌蚪、小蛙及小鱼等。雄蛙鸣声如犬吠。在静水内繁殖，繁殖期3月下旬至8月中旬，5—6月为产卵盛期，雌蛙每年可产卵2次以上，每次产卵763～2030粒。卵单粒至数十粒粘连成片，漂浮于水面。蝌蚪栖息于水塘底部。

【珍稀濒危等级】《国家重点保护野生动物名录》Ⅱ级重点保护野生动物，《中国生物多样性红色名录——脊椎动物卷》濒危（EN）等级。

【资源现状】虎纹蛙曾广泛分布于我国南方各地。由于其个体大、肉味鲜美、营养丰富，是一种很好的食用蛙，多年来一直遭到过度捕捉，再加上受生境退化及农药滥用等因素的影响，虎纹蛙的野生资源急剧减少，已被列为国家Ⅱ级重点保护野生动物。为了满足市场需求及保护自然资源，人们开展了虎纹蛙的人工养殖，并取得了一定的成效。然而，目前虎纹蛙的人工养殖存在一些问题，虎纹蛙种质资源质量仍存在着较大的隐患。

黑斑侧褶蛙 *Pelophylax nigromaculatus*

【分类地位】无尾目 ANURA，蛙科 Ranidae

【形态特征】头长大于头宽，吻部略尖，吻棱不明显，鼓膜大而明显，近圆形，上缘有细颞褶。雄蛙有一对外声囊。背侧褶明显，褶间有多行长短不一的纵肤棱。后肢前伸贴体时胫跗关节达鼓膜和眼之间，第四趾蹼达远端第一关节下瘤，其余达趾端，缺刻较深。体背面颜色多样，有淡绿色、黄绿色、深绿色、灰褐色等颜色，杂有许多大小不一的黑斑纹，如果体色较深，黑斑不明显，多数个体自吻端至肛前缘有淡黄色或淡绿色的脊线纹；背侧褶金黄色、浅棕色或黄绿色；有些个体沿背侧褶下方有黑纹，或断续成斑纹；自吻端沿吻棱至颞褶处有1条黑纹；四肢背面浅棕色，前臂常有棕黑色横纹2～3条，股、胫部各有3～4条。

【生活习性】广泛生活于平原或丘陵的水田、池塘、湖沼区及海拔2200m以下的山地。喜群居，常常几只或几十只栖息在一起。在繁殖季节，黑斑侧褶蛙成群聚集在稻田、池塘的静水中抱对、产卵。黑斑侧褶蛙白天常躲藏在沼泽、池塘、稻田等水域的杂草、水草中，黄昏后、夜间出来活动、捕食各种昆虫。10—11月进入松软的土中或枯枝落叶下冬眠，翌年3—5月出蛰。繁殖季节在3月下旬至4月。

【珍稀濒危等级】《IUCN红色名录》和《中国生物多样性红色名录——脊椎动物卷》近危（NT）等级。

【资源现状】黑斑侧褶蛙种群分布不零散，在一些地区是最为常见的蛙类，但近年来由于过度捕捉和化肥农药的使用，黑斑侧褶蛙的数量急剧下降，尤其是在俄罗斯远东地区和中国，其种群数量下降较快，已于2004年被列入《IUCN红色名录》近危（NT）等级。

第❻章　爬行类资源

6.1　调查路线和时间

爬行类资源调查分别于2017年和2018年的4—9月进行调查。白塔湖湿地公园内河网纵横，岛屿众多，各岛屿上有数量不等的农田、芦苇塘、抛荒地等。主要植被类型有竹林、人工阔叶林、水生植物群落等。样线的布设以农田为主，兼顾抛荒地、林地等多类生境。

6.2　调查方法和物种鉴定

爬行类物种大多昼伏夜出，但也有部分为日行性，因此爬行类物种的样线调查白天和夜晚都要开展。白天选择在农田道路旁、开阔的林缘地带等多生境开展调查，记录目击的日行性爬行类物种；夜晚选择在日落前0.5小时至日落后4小时进行，与两栖类物种样线调查类似，通过头灯照明、目击爬行类物种实体或蛇蜕痕迹，并用GPS记录观察到的爬行类物种的位置，通过相机拍照记录物种形态、行为及生境信息。

物种鉴定依据《中国蛇类》《中国动物志·爬行纲》《浙江动物志·两栖类爬行类》《中国爬行纲动物分类厘定》。

有选择性地采集个体标本，用于测定形态数据和分类鉴定。量度采用电子数显游标卡尺，数据精确到0.1mm。标本先以10%福尔马林固定，再经清水冲洗，最终以75%酒精保存。存疑物种在固定前进行肝脏取样，用于后续的物种基因测序鉴定。

6.3 物种多样性和特征

6.3.1 物种组成

调查共记录爬行类物种13种，分属2目6科13属，占全省爬行类物种总数的14.77%。其中，龟鳖目1科1属1种；有鳞目5科12属12种，分别为壁虎科1属1种、石龙子科2属2种、草蜥科1属1种、蝰科1属1种、游蛇科7属7种（见表6-1），游蛇科占白塔湖湿地公园爬行类物种总数的53.85%，是白塔湖湿地公园爬行类物种的主要组成部分。

表6-1　白塔湖湿地公园爬行类物种组成

目、科、属、种	中国特有种	保护等级	中国生物多样性红色名录	IUCN 红色名录	分布型	地理分布
一、龟鳖目 TESTUDINES						
（一）鳖科 Trionychidae						
1）鳖属 *Pelodiscus*						
1. 中华鳖 *Pelodiscus sinensis*			EN	VU	Ea	OP
二、有鳞目 SQUAMATA						
（二）壁虎科 Gekkondiae						
2）壁虎属 *Gekko*						
2. 多疣壁虎 *Gekko japonicus*		省一般	LC	LC	Sh	S/C
（三）蜥蜴科 Lacertidae						
3）草蜥属 *Takydromus*						
3. 北草蜥 *Takydromus septentrionalis*	√	省一般	LC	LC	E	O
（四）石龙子科 Scincidae						
4）石龙子属 *Plestiodon*						
4. 中国石龙子 *Plestiodon chinensis*		省一般	LC	—	Sm	S/C

续　表

目、科、属、种	中国特有种	保护等级	中国生物多样性红色名录	IUCN红色名录	分布型	地理分布
5）蜓蜥属 *Sphenomorphus*						
5. 铜蜓蜥 *Sphenomorphus indicus*		省一般	LC	—	We	O
（五）蝰科 Viperidae						
6）亚洲蝮属 *Gloydius*						
6. 短尾蝮 *Gloydius brevicaudus*		省一般	NT	—	E	OP
（六）游蛇科 Colubridae						
7）鼠蛇属 *Ptyas*						
7. 乌梢蛇 *Ptyas dhumnades*	√	省一般	VU	—	Wc	O
8）链蛇属 *Lycodon*						
8. 赤链蛇 *Lycodon rufozonatum*		省一般	LC	LC	Ed	OP
9）晨蛇属 *Orthriophis*						
9. 黑眉晨蛇（黑眉锦蛇）*Orthriophis taeniurus*（*Elaphe taeniura*）		省重点	EN	—	We	OP
10）锦蛇属 *Elaphe*						
10. 王锦蛇 *Elaphe carinata*		省重点	EN	—	Sd	OP
11）滞卵蛇属 *Oocatochus*						
11. 红纹滞卵蛇 *Uocatochus rufodorsatus*		省一般	LC	—	Eb	OP
12）颈槽蛇属 *Rhabdophis*						
12. 虎斑颈槽蛇 *Rhabdophis tigrinus*		省一般	LC	—	Ea	OP
13）环游蛇属 *Trimerodytes*						
13. 赤链华游蛇 *Trimerodytes annularis*			VU	—	Sd	O

注：①保护等级：国Ⅱ－国家Ⅱ级重点保护野生动物；省重点－浙江省重点保护陆生野生动物；省一般－浙江省一般保护陆生野生动物。

②濒危等级：CR－极危；EN－濒危；VU－易危；NT－近危；LC－无危；DD－数据缺乏；"—"－未评估。

③地理分布：O-东洋界分布；C-东洋界华中区分布；S/C-东洋界华中区和华南区分布；OP-东洋界和古北界广布。

④分布型：E-季风区型；Ea-季风区型包括阿穆尔或再延展至俄罗斯远东地区；Eg-季风区型包括乌苏里、朝鲜；Sc-南中国型热带—中亚热带；Sd-南中国型热带—北亚热带；Se-南中国型南亚热带—中亚热带；Si-南中国型中亚热带；Wc-东洋型热带—中亚热带；We-东洋型热带—温带。

根据G-F指数计算公式，计算白塔湖湿地公园内的爬行类物种的G-F指数（见表6-2）。

表6-2　白塔湖湿地公园爬行类物种G指数、F指数、G-F指数

科数	属数	G指数	F指数	G-F指数
6	13	2.56	2.64	0.03

由表6-2可见，由于白塔湖湿地公园以平原湿地为主，生境单一，所以G指数、F指数都较低，说明白塔湖湿地公园在科内和科间的多样性、属内和属间的多样性都较一般。白塔湖湿地公园的G-F指数趋于零，这说明白塔湖湿地公园有较多的单种科。

6.3.2　中国特有种

白塔湖湿地公园13种爬行类物种中，我国特有种有2种，分别为北草蜥和乌梢蛇，占白塔湖湿地公园爬行类物种总数的15.38%。

6.4　区系组成和优势种

6.4.1　区系组成

根据表6-1可见，白塔湖湿地公园13种爬行类物种中，东洋界成分有6种，占白塔湖湿地公园爬行类物种总数的46.15%。其中，东洋界三区都有分布的有4种，占白塔湖湿地公园爬行类物种总数的30.77%；东洋界华中华南区成分有2种，占白塔湖湿地公园爬行类物种总数的15.38%；全国广布种7种，占白

塔湖湿地公园爬行类物种总数的53.85%。由此可见，白塔湖湿地公园爬行类物种的区系组成主要以广布种成分为主，东洋界成分也占有一定的比例，与处于动物地理分布过渡带的浙江地理区系组成基本一致。

6.4.2　优势种

白塔湖湿地公园植被类型较单一，但水田中有数量丰富的两栖类和啮齿类物种，为爬行类物种提供了良好的栖息环境和丰富的食物。

调查发现，白塔湖湿地公园内爬行类优势种以短尾蝮为主，占湿地公园爬行类物种总数的54.93%。岛屿上的水田、芦苇塘等潮湿环境为短尾蝮提供了适宜的生境。

白塔湖湿地公园爬行类物种调查数量及种群优势度见表6-3。

表6-3　白塔湖湿地公园爬行类物种调查数量及种群优势度

目、科、属、种	调查数量	种群优势度
一、龟鳖目 TESTUDINES		
（一）鳖科 Trionychidae		
1）鳖属 *Pelodiscus*		
1. 中华鳖 *Pelodiscus sinensis*	2	2.82%
二、有鳞目 SQUAMATA		
（二）壁虎科 Gekkondiae		
2）壁虎属 *Gekko*		
2. 多疣壁虎 *Gekko japonicus*	6	8.45%
（三）蜥蜴科 Lacertidae		
3）草蜥属 *Takydromus*		
3. 北草蜥 *Takydromus septentrionalis*	4	5.63%
（四）石龙子科 Scincidae		
4）石龙子属 *Plestiodon*		
4. 中国石龙子 *Plestiodon chinensis*	1	1.41%

续　表

目、科、属、种	调查数量	种群优势度
5）蜓蜥属 *Sphenomorphus*		
5. 铜蜓蜥 *Sphenomorphus indicus*	8	11.27%
（五）蝰科 Viperidae		
6）亚洲蝮属 *Gloydius*		
6. 短尾蝮 *Gloydius brevicaudus*	39	54.93%
（六）游蛇科 Colubridae		
7）鼠蛇属 *Ptyas*		
7. 乌梢蛇 *Ptyas dhumnades*	1	1.41%
8）链蛇属 *Lycodon*		
8. 赤链蛇 *Lycodon rufozonatum*	3	4.23%
9）晨蛇属 *Orthriophis*		
9. 黑眉晨蛇（黑眉锦蛇）*Orthriophis taeniurus*（*Elaphe taeniura*）	1	1.41%
10）锦蛇属 *Elaphe*		
10. 王锦蛇 *Elaphe carinata*	1	1.41%
11）滞卵蛇属 *Oocatochus*		
11. 红纹滞卵蛇 *Oocatochus rufodorsatus*	2	2.82%
12）颈槽蛇属 *Rhabdophis*		
12. 虎斑颈槽蛇 *Rhabdophis tigrinus*	1	1.41%
13）环游蛇属 *Trimerodytes*		
13. 赤链华游蛇 *Trimerodytes annularis*	2	2.82%

6.5 珍稀濒危物种

6.5.1 珍稀濒危物种概况

根据《中国生物多样性红色名录——脊椎动物卷》，白塔湖湿地公园13种爬行类物种中，濒危等级近危（NT）及以上的物种有6种，占白塔湖湿地公园爬行类物种总数的46.15%。其中，濒危（EN）等级3种，即中华鳖、黑眉晨蛇（黑眉锦蛇）和王锦蛇，占白塔湖湿地公园爬行类物种总数的23.08%；易危（VU）等级2种，为赤链华游蛇和乌梢蛇，占白塔湖湿地公园爬行类物种总数的15.38%；近危（NT）等级1种，为短尾蝮，占白塔湖湿地公园爬行类物种总数的7.69%。其他均为无危物种，占白塔湖湿地公园爬行类物种总数的53.85%。

珍稀濒危物种中的王锦蛇、黑眉晨蛇（黑眉锦蛇）均为大型蛇类，历史上人为大量捕捉（食用或者药用）和栖息地破碎化是导致它们濒危的主要原因。大型蛇类对环境有着良好的适应性，只要保护好生态环境、加强人们对蛇类的保护意识和观念，大型蛇类的种群数量就能较快恢复到正常水平。赤链华游蛇和中华鳖的主要致危因素是历史上的湿地侵占、水源污染等使得其适宜生境丧失，以及捕捉等人为活动的加剧。

6.5.2 重要物种分述

中华鳖 *Pelodiscus sinensis*

【分类地位】龟鳖目TESTUDINES，鳖科Trionychidae

【形态特征】体躯扁平，呈椭圆形，背腹具甲；通体被柔软的革质皮肤，无角质盾片。体色基本一致，无鲜明的淡色斑点。头部粗大，前端略呈三角形。吻端延长成管状，具长的肉质吻突，约与眼径相等。眼小，位于鼻孔的后方两侧。口无齿，脖颈细长，呈圆筒状，伸缩自如。颈基两侧及背甲前缘均无明显的瘰粒或大疣。背甲暗绿色或黄褐色，周边为肥厚的结缔组织，俗称"裙边"。腹甲灰白色或黄白色，平坦光滑，有7个胼胝体，分别在上腹板、内腹板、舌腹板与下腹板联体、剑板上。尾部较短。四肢扁平，后肢比前肢发达。前、后肢各有5趾，趾间有蹼。内侧3趾有锋利的爪。四肢均可缩入甲壳内。

【生活习性】中华鳖生活于江河、湖沼、池塘、水库等水流平缓、鱼虾充足的淡水水域，也常出没于大山溪中。在安静、清洁、阳光充足的水岸边活动较频繁，有时上岸但不能离水源太远。能在陆地上爬行、攀登，也能在水中自由游泳。夏季有晒甲习惯，寒冷的冬季会冬眠，翌年开始苏醒寻食。喜食鱼虾、昆虫等，也食水草、谷类等植物性食物，嗜食臭鱼、烂虾等腐食，耐饥饿，但贪食且残忍，如食饵缺乏还会互相蚕食。性怯懦，怕声响，白天潜伏于水中或淤泥中，夜间出水觅食。

【珍稀濒危等级】《IUCN红色名录》易危（VU）等级，《中国生物多样性红色名录——脊椎动物卷》濒危（EN）等级。

【资源现状】中华鳖在中国广泛分布，除西藏和青海外，其他各地均产，湖南、湖北、江西、安徽、江苏等省产量较高。由于中华鳖肉味鲜美、营养丰富，具有很高的食用价值，所以历史上被长期过度捕捉，加之挖沙采石河道改造对其生活环境的影响，野生中华鳖的资源量急剧下降。

黑眉晨蛇 *Orthriophis taeniurus*

【曾用名】黑眉锦蛇*Elaphe taeniura*

【分类地位】有鳞目SQUAMATA，游蛇科Colubridae

【形态特征】体型较大，全长可达2m或以上。上唇鳞9（4-2-3）或8枚，颊鳞1枚；眶后鳞2枚；背鳞25-25-19行，中央9-17行微棱，腹鳞222-267枚，肛鳞2枚，尾下鳞76-122对。头和体背黄绿色或棕灰色，上、下唇鳞及下颌淡黄色，眼后1条明显的黑纹。体背的前、中段有黑色梯形或蝶状斑纹，略似秤星，故又名秤星蛇；由体背中段往后斑纹渐趋隐失，但有4条清晰的黑色纵带直达尾端。

【生活习性】生活于低海拔的平原、丘陵、山地等处，喜活动于林地、农田、草地、灌丛、坟地、河边及民宅附近。食鼠、鸟、鸟卵、蜥蜴、小蛇、蛙、昆虫等，尤其喜食鼠类，常因追逐老鼠而出现在农户的居室内、屋檐及屋顶上，在南方素有家蛇之称。此蛇虽是无毒蛇，但性情较为粗暴，当受到惊扰时，即能竖起头颈，离地20～30cm，身体呈"S"状，作随时攻击之势。

【**珍稀濒危等级**】《中国生物多样性红色名录——脊椎动物卷》濒危（EN）等级。

【**资源现状**】黑眉晨蛇分布在我国河北、山西、陕西、甘肃、西藏、四川以东的广大地区以及海南、台湾等岛屿。其适应力极强，活动因产地不同不分昼夜。从深达300m的地下洞穴到喧嚣的城市郊区，从高湿的热带雨林到半干旱的沙质荒野均有分布。黑眉晨蛇肉供食用；皮供工业用；蛇制备蛇酒，供药用；蛇蜕也供药用。黑眉晨蛇由于个体大，活动范围接近人类居住区，历史上常遭到捕杀，数量不断锐减。《中国生物多样性红色名录——脊椎动物卷》将其列为濒危（EN）等级。

王锦蛇 *Elaphe carinata*

【**分类地位**】有鳞目SQUAMATA，游蛇科Colubridae

【**形态特征**】体粗壮，全长2m左右。上唇鳞8（3-2-3）枚，颊鳞1枚；眶前鳞1枚，眶后鳞2（3）枚；颞鳞2（3，1）枚+3（2，4）枚；背鳞23（21，25）-23（21）-19（17）行，除最外侧1～2行光滑外，均起强棱，腹鳞203-224枚，肛鳞2枚，尾下鳞60～120对。背面黑色，混杂黄花斑，似菜花，所以有菜花蛇之称。头背棕黄色，鳞缘和鳞沟黑色，形成"王"字形黑斑，故称王锦蛇；腹面黄色，腹鳞后缘有黑斑。幼体背面灰橄榄色，鳞缘微黑，枕后有1条短纵纹，黑色；腹面肉色。成、幼体间体色斑纹很不相同，易误为他种。

【**生活习性**】王锦蛇主要生活在丘陵和山地，在平原的河边、库区及田野均有栖息。其动作敏捷，性情较凶狠，爬行速度快，会攀岩上树，昼夜均活动，以夜间更活跃。王锦蛇食蛙、蜥蜴、鼠、鸟、其他蛇类，甚至同类的幼蛇。其肛腺特别发达，受惊后释放异臭，故又名臭黄蟒。卵生。6—7月产卵，每次产卵8～12枚。

【**珍稀濒危等级**】《中国生物多样性红色名录——脊椎动物卷》濒危（EN）等级。

【**资源现状**】王锦蛇主要分布在浙江、江西、安徽、江苏、福建、湖南、湖北、广西、广东、云南、贵州、陕西、河南、甘肃及台湾等。王锦蛇体型大，生长迅速，肉多味美，因此历史上长期遭到大量捕杀，种群数量大幅下降。《中国生物多样性红色名录——脊椎动物卷》将其列为濒危（EN）等级。

第7章 鸟类资源

7.1 调查路线和时间

调查范围覆盖整个白塔湖湿地公园以及周边地区，包括七里、朱家站、金家站、何家山头等村。对于公园内面积相对较大的岛，采取乘船登岛的方式调查。根据地形地貌共设置53条调查样线。2017年4月至2018年10月期间，共组织了6轮鸟类调查，分别为2017年5月、8月、11月和2018年3月、5月、10月。具体调查时间为每天日出前后，以上午6：00—11：00和下午3：00—5：30为主。

7.2 调查方法和物种鉴定

白塔湖湿地公园鸟类调查方法以样线法和红外触发相机陷阱法为主，羽迹法和访问调查法作为补充。

样线法：调查前根据白塔湖湿地公园的地形地貌，水域、森林植被范围等信息制定样线调查方案。每条样线距离约4km，样线单侧宽度为25m。调查队员每人配备录音笔和8×42倍双筒望远镜，每组配有500mm长焦镜头的单反相机。利用双筒望远镜观测所见的鸟种并拍摄照片，录制鸟类鸣叫声，通过分析鸟类体型特征、鸣叫和飞行姿势等现场确定鸟种。全部采用步行调查，平均速度控制在2km/h左右。

红外触发相机陷阱法：主要适用于调查林下鸟类。当鸟类从红外触发相机前经过时，红外相机能自动感应并触发拍摄开关。通常选择水源地、觅食场所等地安装红外触发相机。

羽迹法：将鸟类所留下的羽毛、足迹等痕迹作为判断鸟类种类的直接证据。主要适用于调查某些鸡形目鸟类和地栖型鸟类。

访问调查法：考虑到调查的全面性，为扩大资料来源渠道，对样线分布地区和周边村庄中对公园情况较熟悉的工作人员、周边居民进行访谈，通过图鉴照片指认对比，收集物种被发现或被捕获的数据。访谈内容包括发现的时间与地点、主要外形特征等。

调查队员通过样线法、红外触发相机陷阱法将湿地公园及周边范围所看到、听到、拍摄到的鸟类的数量、海拔、生境、时间等信息进行记录，不计已经记录过的和从后方往前方飞的种类。并在调查当晚对当天的数据进行录入、核实、校对。在样线外随时记录所见的鸟类物种，但该记录只采用其物种信息而不参与数量统计和计算。

物种鉴定依据《中国鸟类野外手册》《浙江动物志·鸟类》。名录整理依据《中国鸟类分类与分布名录》。

7.3 物种多样性和特征

7.3.1 物种组成

通过对白塔湖湿地公园的野外调查，并结合布设的红外触发相机所采集的影像数据，共记录鸟类133种，分属16目45科（见图7-1）。其中，雀形目鸟类27科76种，占整个湿地公园鸟类物种总数的57.14%；非雀形目鸟类共15目18科57种，占总数的42.86%。

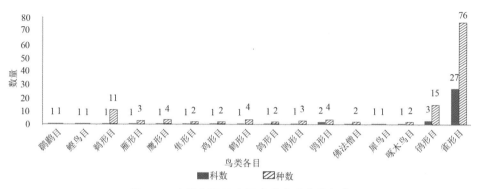

图 7-1 白塔湖湿地公园鸟类各目物种组成

白塔湖湿地公园鸟类物种组成见表7-1。

雀形目鸟类中，以鸫科和鹟科种类最多，各8种；鹎科次之，共6种；鸦科、鹛鹛科各5种；椋鸟科、鸦科、燕雀科各4种；噪鹛科3种；百灵科、燕科、伯劳科、卷尾科、绣眼鸟科、柳莺科、长尾山雀科、山雀科、莺鹛科、雀科、梅花雀科各2种；山椒鸟科、河乌科、林鹛科、幽鹛科、扇尾莺科、苇莺科、树莺科各1种。

非雀形目鸟类中，以鸻形目最多，共15种；鹈形目次之，共11种；鹰形目、鹤形目、鸮形目各4种；雁形目、鹃形目各3种；鸡形目、鸽形目、佛法僧目、啄木鸟目、隼形目各2种；鸊鷉目、鲣鸟目、犀鸟目各1种。

表7-1　白塔湖湿地公园鸟类物种组成

目	科			种	
	科数	科别		种数	占比 / %
鸊鷉目 PODCPEDFORMES	1	鸊鷉科 Podicipedidae		1	0.75
鲣鸟目 SULIFORMES	1	鸬鹚科 Phalacrocoracidae		1	0.75
鹈形目 PELECANIFORMES	1	鹭科 Ardeidae		11	8.27
雁形目 ANSERFORMES	1	鸭科 Anatidae		3	2.26
鹰形目 ACCIPITRIFORMES	1	鹰科 Accipitridae		4	3.01
隼形目 FALCONIFORMES	1	隼科 Falconidae		2	1.50
鸡形目 GALLFORMES	1	雉科 Phasandae		2	1.50
鹤形目 GRUFORMES	1	秧鸡科 Ralldae		4	3.01
鸻形目 CHARADRFORMES	3	水雉科 Jacandae		1	0.75
		鸻科 Charadrdae		6	4.51
		鹬科 Scolopacdae		8	6.02
鸽形目 COLUMBFORMES	1	鸠鸽科 Columbdae		2	1.50
鹃形目 CUCULFORMES	1	杜鹃科 Cuculdae		3	2.26
鸮形目 STRGFORMES	2	鸱鸮科 Strgdae		3	2.26
		草鸮科 Tytonidae		1	0.75

目	科		种	
	科数	科别	种数	占比 / %
佛法僧目 CORACFORMES	1	翠鸟科 Alcedndae	2	1.50
犀鸟目 BUCEROTIFORMES	1	戴胜科 Upupidae	1	0.75
啄木鸟目 PICFORMES	1	啄木鸟科 Picidae	2	1.50
雀形目 PASSERFORMES	27	百灵科 Alaudidae	2	1.50
		燕科 Hrundndae	2	1.50
		鹡鸰科 Motaclldae	5	3.76
		山椒鸟科 Campephagdae	1	0.75
		鹎科 Pycnonotdae	6	4.51
		伯劳科 Landae	2	1.50
		卷尾科 Dcrurdae	2	1.50
		椋鸟科 Sturndae	4	3.01
		鸦科 Cordae	4	3.01
		河乌科 Cncldae	1	0.75
		鸫科 Turddae	5	3.76
		鹟科 Musccapdae	8	6.02
		噪鹛科 Leiothrichidae	3	2.26
		林鹛科 Timaliidae	1	0.75
		幽鹛科 Pellorneidae	1	0.75
		绣眼鸟科 Zosteropidae	2	1.50
		莺鹛科 Sylviidae	2	1.50

续　表

目	科		种	
	科数	科别	种数	占比 / %
雀形目 PASSERFORMES	27	扇尾莺科 Cstcoldae	1	0.75
		苇莺科 Syldae	1	0.75
		柳莺科 Phylloscopidae	2	1.50
		树莺科 Cettiidae	1	0.75
		长尾山雀科 Aegthaldae	2	1.50
		山雀科 Pardae	2	1.50
		雀科 Frnglldae	2	1.50
		梅花雀科 Estrildidae	2	1.50
		燕雀科 Frnglldae	4	3.01
		鹀科 Emberzdae	8	6.02
合计	45		133	100

　　根据G-F指数计算公式，得出白塔湖湿地公园鸟类物种的G指数、F指数、G-F指数（见表7-2）。

表7-2　白塔湖湿地公园鸟类物种G指数、F指数、G-F指数

科数	属数	G 指数	F 指数	G-F 指数
45	91	21.95	4.39	0.80

　　白塔湖湿地公园所调查到的133种鸟，隶属45科91属，G指数为21.95，F指数为4.39。从调查结果来看，虽然白塔湖湿地公园区内鸟类种类较多，但45科中，单种科高达12科，分别为鹏鹏科、鸬鹚科、水雉科、草鸮科、戴胜科、山椒鸟科、河乌科、林鹏科、幽鹏科、扇尾莺科、苇莺科和树莺科。单科种对F指数的贡献小，故G-F指数较低，使得湿地公园在鸟类的多样性上表现并不突出。

7.3.2　中国特有种

白塔湖湿地公园鸟类中有中国特有种4种：灰胸竹鸡、乌鸫、银喉长尾山雀、黄腹山雀，占中国鸟类特有种93种（根据《中国鸟类分类与分布名录》）的4.30%，均为当地的留鸟。区系上除银喉长尾山雀为古北界种外，其余均为东洋界种。

7.4　区系组成和优势种

7.4.1　区系组成

区内鸟类东洋界种67种，占总种数的50.38%；古北界种61种，占总种数的45.86%；广布种5种，占总种数的3.76%。

区内82种繁殖鸟中，67种为东洋界种，占繁殖鸟总数的81.70%；大白鹭、白鹡鸰、银喉长尾山雀、红尾伯劳等共10种古北界种鸟类亦为区内繁殖鸟，占区内繁殖鸟总数的12.20%；广布种5种，占区内繁殖鸟总数的6.10%（见图7-2）。

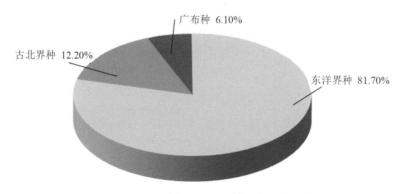

图 7-2　白塔湖湿地公园繁殖鸟区系组成

东洋界种比例与古北界种比例相近的原因有：一方面，白塔湖湿地公园的地理位置在中国动物地理区划上属于东洋界中印亚界的华中区东部丘陵平原亚区，在此繁殖的鸟类多为东洋界种；另一方面，白塔湖湿地公园处于东亚—澳大利亚候鸟迁徙通道之上，亦是诸暨市内最大的生态湿地，来此越冬的鸟类主要包括雁形目（鸭科）、鸻形目（鸻科、鹬科）、雀形目（鹟科、鸦科）等，且种类与数量众多，故两种成分比例相近。

7.4.2 优势种

根据调查，白塔湖湿地公园鸟类优势种为牛背鹭、白鹭、绿翅鸭、麻雀，共4种；该地区常见种有小䴙䴘、白头鹎、乌鸫、丝光椋鸟、珠颈斑鸠、树鹨、红嘴蓝鹊等共45种；该地区稀有种有草鹭、黄胸鹀、普通鵟、白腹隼雕、白颈鸦、蚁䴕等共84种（见表7-3）。

表7-3 白塔湖湿地公园鸟类物种调查数量及种群优势度

目、科、种	居留型	分布生镜	调查数量	种群优势度
一、䴙䴘目 PODICIPEDIFORMES				
（一）䴙䴘科 Podicipedidae				
1. 小䴙䴘 *Tachybaptus ruficollis*	R	H	76	1.63%
二、鲣鸟目 SULIFORMES				
（二）鸬鹚科 Phalacrocoracidae				
2. 普通鸬鹚 *Phalacrocorax carbo*	W	H	25	0.54%
三、鹈形目 PELECANIFORMES				
（三）鹭科 Ardeidae				
3. 苍鹭 *Ardea cinerea*	R	BH	15	0.32%
4. 绿鹭 *Butorides striata*	S	DH	21	0.45%
5. 大白鹭 *Ardea alba*	S	BH	43	0.92%
6. 中白鹭 *Ardea intermedia*	S	BH	37	0.79%
7. 白鹭 *Egretta garzetta*	R	BFH	287	6.14%
8. 牛背鹭 *Bubulcus ibis*	S	BH	255	5.46%
9. 池鹭 *Ardeola bacchus*	R	BDH	48	1.03%

目、科、种	居留型	分布生镜	调查数量	种群优势度
10. 夜鹭 *Nycticorax nycticorax*	R	DGH	59	1.26%
11. 黄斑苇鳽 *Ixobrychus sinensis*	S	C	11	0.24%
12. 栗苇鳽 *Ixobrychus cinnamomeus*	S	B	9	0.19%
13. 黑苇鳽 *Dupetor flavicollis*	S	H	1	0.02%
四、雁形目 ANSERIFORMES				
（四）鸭科 Anatidae				
14. 绿头鸭 *Anas platyrhynchos*	W	H	28	0.60%
15. 斑嘴鸭 *Anas zonorhyncha*	W	BH	132	2.83%
16. 绿翅鸭 *Anas crecca*	W	H	785	16.80%
五、鹰形目 ACCIPITRIFORMES				
（五）鹰科 Accipitridae				
17. 白腹隼雕 *Aquila fasciata*	R	D	1	0.02%
18. 赤腹鹰 *Accipiter soloensis*	S	BD	3	0.06%
19. 苍鹰 *Accipiter gentilis*	W	D	1	0.02%
20. 普通鵟 *Buteo japonicus*	W	BD	2	0.04%
六、隼形目 FALCINIFORMES				
（六）隼科 Falconidae				
21. 红隼 *Falco tinnunculus*	R	B	2	0.04%
22. 游隼 *Falco peregrinus*	W	B	1	0.02%
七、鸡形目 GALLIFORMES				
（七）雉科 Phasianidae				
23. 灰胸竹鸡 *Bambusicola thoracica*	R	CD	8	0.17%
24. 环颈雉 *Phasianus colchicus*	R	BC	4	0.09%
八、鹤形目 GRUIFORMES				

续　表

目、科、种	居留型	分布生镜	调查数量	种群优势度
（八）秧鸡科 Rallidae				
25. 普通秧鸡 *Rallus indicus*	W	B	1	0.02%
26. 黑水鸡 *Gallinula chloropus*	R	BC	36	0.77%
27. 红脚田鸡 *Zapornia akool*	S	BC	12	0.26%
28. 白胸苦恶鸟 *Amaurornis phoenicurus*	S	BCH	16	0.34%
九、鸻形目 CHARADRIIFORMES				
（九）水雉科 Jacanidae				
29. 水雉 *Hydrophasianus chirurgus*	S	H	12	0.26%
（十）鸻科 Charadriidae				
30. 灰头麦鸡 *Vanellus cinereus*	W	BH	13	0.28%
31. 灰鸻 *Pluvialis squatarola*	W	B	36	0.77%
32. 金鸻 *Pluvialis fulva*	P	B	42	0.90%
33. 长嘴剑鸻 *Charadrius placidus*	W	H	11	0.24%
34. 金眶鸻 *Charadrius dubius*	P	BH	32	0.68%
35. 环颈鸻 *Charadrius alexandrinus*	W	BH	5	0.11%
（十一）鹬科 Scolopacidae				
36. 矶鹬 *Actitis hypoleucos*	W	B	12	0.26%
37. 鹤鹬 *Tringa erythropus*	W	BH	3	0.06%
38. 扇尾沙锥 *Gallinago gallinago*	W	B	2	0.04%
39. 针尾沙锥 *Gallinago stenura*	P	B	1	0.02%
40. 白腰草鹬 *Tringa ochropus*	W	BH	2	0.04%
41. 泽鹬 *Tringa stagnatilis*	P	H	1	0.02%
42. 林鹬 *Tringa glareola*	P	H	3	0.06%
43. 青脚鹬 *Tringa nebularia*	W	H	15	0.32%

续　表

目、科、种	居留型	分布生镜	调查数量	种群优势度
十、鸽形目 COLUMBIFORMES				
（十二）鸠鸽科 Columbidae				
44. 山斑鸠 *Streptopelia orientalis*	R	DEF	23	0.49%
45. 珠颈斑鸠 *Streptopelia chinensis*	R	ABDFG	55	1.18%
十一、鹃形目 CUCULIFORMES				
（十三）杜鹃科 Cuculidae				
46. 大杜鹃 *Cuculus canorus*	S	B	2	0.04%
47. 小杜鹃 *Cuculus poliocephalus*	S	D	1	0.02%
48. 小鸦鹃 *Centropus bengalensis*	R	BCH	18	0.39%
十二、鸮形目 STRIGIFORMES				
（十四）草鸮科 Tytonidae				
49. 草鸮 *Tyto longimembris*	R	B	1	0.02%
（十五）鸱鸮科 Strigidae				
50. 斑头鸺鹠 *Glaucidium cuculoides*	R	B	2	0.04%
51. 领角鸮 *Otus lettia*	R	DF	5	0.11%
52. 长耳鸮 *Asio otus*	W	F	1	0.02%
十三、佛法僧目 CORACIIFORMES				
（十六）翠鸟科 Alcedinidae				
53. 普通翠鸟 *Alcedo atthis*	R	H	13	0.28%
54. 蓝翡翠 *Halcyon pileata*	S	B	1	0.02%
十四、犀鸟目 BUCEROTIFORMWS				
（十七）戴胜科 Upupidae				
55. 戴胜 *Upupa epops*	R	ABD	12	0.26%
十五、啄木鸟目 PICFORMES				

续　表

目、科、种	居留型	分布生镜	调查数量	种群优势度
（十八）啄木鸟科 Picidae				
56. 斑姬啄木鸟 *Picumnus innominatus*	R	D	1	0.02%
57. 蚁䴕 *Jynx torquilla*	W	D	1	0.02%
十六、雀形目 PASSERIFORMES				
（十九）百灵科 Alaudidae				
58. 云雀 *Alauda arvensis*	W	B	27	0.58%
59. 小云雀 *Alauda gulgula*	R	B	26	0.56%
（二十）百灵科 Alaudidae				
60. 家燕 *Hirundo rustica*	S	ABDEF	149	3.19%
61. 金腰燕 *Cecropis daurica*	S	ABDEF	103	2.20%
（二十一）鹡鸰科 Motacillidae				
62. 白鹡鸰 *Motacilla alba*	R	ABDH	75	1.61%
63. 灰鹡鸰 *Motacilla cinerea*	R	BCH	23	0.49%
64. 树鹨 *Anthus hodgsoni*	W	BD	44	0.94%
65. 水鹨 *Anthus spinoletta*	W	C	3	0.06%
66. 北鹨 *Anthus gustavi*	P	C	2	0.04%
（二十二）山椒鸟科 Campephagidae				
67. 小灰山椒鸟 *Pericrocotus cantonensis*	S	DG	6	0.13%
（二十三）鹎科 Pycnonotidae				
68. 领雀嘴鹎 *Spizixos semitorques*	R	ABDF	42	0.90%
69. 白头鹎 *Pycnonotus sinensis*	R	ABDF	152	3.25%
70. 栗背短脚鹎 *Hemixos castanonotus*	R	DEF	11	0.24%
71. 黑短脚鹎 *Hypsipetes leucocephalus*	R	ADEF	19	0.41%
72. 绿翅短脚鹎 *Ixos mcclellandii*	R	DEF	11	0.24%

目、科、种	居留型	分布生镜	调查数量	种群优势度
73. 黄臀鹎 *Pycnonotus xanthorrhous*	R	BD	9	0.19%
（二十四）伯劳科 Laniidae				
74. 红尾伯劳 *Lanius cristatus*	S	B	6	0.13%
75. 棕背伯劳 *Lanius schach*	R	BFG	21	0.45%
（二十五）卷尾科 Dicrurudae				
76. 发冠卷尾 *Dicrurus hottentottus*	S	BDG	19	0.41%
77. 黑卷尾 *Dicrurus macrocercus*	S	BF	24	0.51%
（二十六）椋鸟科 Sturnidae				
78. 八哥 *Acridotheres cristatellus*	R	AB	47	1.01%
79. 黑领椋鸟 *Gracupica nigricollis*	R	BD	14	0.30%
80. 丝光椋鸟 *Spodiopsar sericeus*	R	ABD	88	1.88%
81. 灰椋鸟 *Spodiopsar cineraceus*	W	ABCD	45	0.96%
（二十七）鸦科 Corvidae				
82. 喜鹊 *Pica pica*	R	ABD	34	0.73%
83. 红嘴蓝鹊 *Urocissa erythroryncha*	R	ABDEF	42	0.90%
84. 大嘴乌鸦 *Corvus macrorhynchos*	R	DF	3	0.06%
85. 白颈鸦 *Corvus pectoralis*	R	B	1	0.02%
（二十八）河乌科 Cinclidae				
86. 褐河乌 *Cinclus pallasii*	R	H	1	0.02%
（二十九）鸫科 Turdidae				
87. 乌鸫 *Turdus mandarinus*	R	ADEF	56	1.20%
88. 灰背鸫 *Turdus hortulorum*	W	C	20	0.43%
89. 斑鸫 *Turdus eunomus*	W	CD	3	0.06%
90. 白腹鸫 *Turdus pallidus*	W	CD	49	1.05%

续 表

目、科、种	居留型	分布生镜	调查数量	种群优势度
91. 虎斑地鸫 *Zoothera aurea*	W	BCD	5	0.11%
（三十）鹟科 Muscicapidae				
92. 鹊鸲 *Copsychus saularis*	R	ABCD	57	1.22%
93. 红胁蓝尾鸲 *Tarsiger cyanurus*	W	CD	3	0.06%
94. 红尾水鸲 *Rhyacornis fuliginosa*	R	D	6	0.13%
95. 北红尾鸲 *Phoenicurus auroreus*	W	ABD	17	0.36%
96. 黑喉石䳭 *Saxicola maurus*	W	B	1	0.02%
97. 红喉歌鸲 *Calliope calliope*	P	BCD	12	0.26%
98. 北灰鹟 *Muscicapa dauurica*	P	D	2	0.04%
99. 灰纹鹟 *Muscicapa griseisticta*	P	E	1	0.02%
（三十一）噪鹛科 Leiothrichidae				
100. 画眉 *Garrulax canorus*	R	BCD	14	0.30%
101. 黑脸噪鹛 *Garrulax perspicillatus*	R	BCDF	19	0.41%
102. 红嘴相思鸟 *Leiothrix lutea*	R	DF	21	0.45%
（三十二）林鹛科 Timaliidae				
103. 棕颈钩嘴鹛 *Pomatorhinus ruficollis*	R	CDF	32	0.68%
（三十三）幽鹛科 Pellorneidae				
104. 灰眶雀鹛 *Alcippe morrisonia*	R	DEFG	53	1.13%
（三十四）绣眼鸟科 Zosteropidae				
105. 栗耳凤鹛 *Yuhina castaniceps*	R	DE	5	0.11%
106. 暗绿绣眼鸟 *Zosterops japonicus*	R	ADEF	29	0.62%
（三十五）莺鹛科 Sylviidae				
107. 棕头鸦雀 *Sinosuthora webbiana*	R	BDG	63	1.35%
108. 灰头鸦雀 *Psittiparus gularis*	R	DEF	18	0.39%

目、科、种	居留型	分布生镜	调查数量	种群优势度
（三十六）扇尾莺科 Cisticolidae				
109. 纯色山鹪莺 *Prinia inornata*	R	BC	25	0.54%
（三十七）苇莺科 Acrocephalidae				
110. 东方大苇莺 *Acrocephalus orientalis*	S	BC	13	0.28%
（三十八）柳莺科 Phylloscopidae				
111. 黄眉柳莺 *Phylloscopus inornatus*	W	ABD	14	0.30%
112. 黄腰柳莺 *Phylloscopus proregulus*	W	DEG	13	0.28%
（三十九）树莺科 Cettiidae				
113. 强脚树莺 *Horornis fortipes*	R	BDEG	41	0.88%
（四十）长尾山雀科 Aegithalidae				
114. 银喉长尾山雀 *Aegithalos glaucogularis*	R	CDE	21	0.45%
115. 红头长尾山雀 *Aegithalos concinnus*	R	ADFG	39	0.83%
（四十一）山雀科 Paridae				
116. 黄腹山雀 *Pardaliparus venustulus*	R	DF	2	0.04%
117. 大山雀 *Parus cinereus*	R	ABDEF	52	1.11%
（四十二）雀科 Passeridae				
118. 山麻雀 *Passer cinnamomeus*	R	ABD	6	0.13%
119. 麻雀 *Passer montanus*	R	ABC	386	8.26%
（四十三）梅花雀科 Estrildidae				
120. 白腰文鸟 *Lonchura striata*	R	B	54	1.16%
121. 斑文鸟 *Lonchura punctulata*	R	B	47	1.01%
（四十四）燕雀科 Fringillidae				
122. 燕雀 *Fringilla montifringilla*	W	ABDEF	25	0.54%
123. 金翅雀 *Chloris sinica*	R	ABD	24	0.51%

续 表

目、科、种	居留型	分布生镜	调查数量	种群优势度
124. 黑尾蜡嘴雀 *Eophona migratoria*	W	BDE	29	0.62%
125. 黄雀 *Spinus spinus*	W	DF	26	0.56%
（四十五）鹀科 Emberizidae				
126. 白眉鹀 *Emberiza tristrami*	P	AC	5	0.11%
127. 黄眉鹀 *Emberiza chrysophrys*	W	AC	16	0.34%
128. 三道眉草鹀 *Emberiza cioides*	R	BC	15	0.32%
129. 小鹀 *Emberiza pusilla*	W	B	1	0.02%
130. 田鹀 *Emberiza rustica*	W	BC	2	0.04%
131. 黄喉鹀 *Emberiza elegans*	W	BCD	3	0.06%
132. 灰头鹀 *Emberiza spodocephala*	W	B	34	0.73%
133. 黄胸鹀 *Emberiza aureola*	P	B	1	0.02%

注：①居留型：R－留鸟；S－夏候鸟；W－冬候鸟；P－旅鸟。
②生境类型：A－村庄；B－农田；C－灌丛；D－阔叶林；E－针叶林；F－针阔混交林；
G－竹林；H－河流库塘。

7.5 居留型和生境类型

7.5.1 居留型

在调查记录的133种鸟类中，共有留鸟61种，占白塔湖湿地公园鸟类总数的45.85%；冬候鸟40种，占总数的30.08%；夏候鸟21种，占总数的15.79%；旅鸟11种，占总数的8.27%。其中，繁殖鸟（留鸟和夏候鸟之和）82种，占总数的61.65%；非繁殖鸟（冬候鸟和旅鸟之和）51种，占总数的38.35%（见表7-4）。由此可见，白塔湖湿地公园鸟类以留鸟为主，繁殖鸟占主要优势，冬、夏两季有大量候鸟迁徙过境。

表7-4 白塔湖湿地公园鸟类物种居留型和区系组成

类型	组成	种数	占比 / %
居留型	R（留鸟）	61	45.86
	S（夏候鸟）	21	15.79
	W（冬候鸟）	40	30.08
	P（旅鸟）	11	8.27
区系组成	O（东洋界分布）	67	50.38
	Pa（古北界分布）	61	45.86
	E（广布）	5	3.76

7.5.2 生境类型

根据野外调查结果，白塔湖湿地公园的鸟类生境类型可归纳为村庄（A）、农田（B）、灌丛（C）、阔叶林（D）、针叶林（E）、针阔混交林（F）、竹林（G）、河流库塘（H）8个类型。

8种生境类型中，在村庄生境下记录家燕、乌鸫、珠颈斑鸠、八哥、麻雀、白头鹎等鸟类共26种；农田生境下记录赤腹鹰、普通鵟、红脚田鸡、金鸻、蓝翡翠、扇尾沙锥等鸟类共81种；灌丛生境下记录黄斑苇鳽、环颈雉、水鹨、白腹鸫、纯色山鹪莺、黄喉鹀等鸟类共30种；阔叶林生境下记录绿鹭、苍鹰、山斑鸠、黑短脚鹎、北灰鹟、灰眶雀鹛等鸟类共65种；针叶林生境下记录栗背短脚鹎、红嘴蓝鹊、黄腰柳莺、黑尾蜡嘴雀、燕雀、大山雀等鸟类共19种；针阔混交林生境下记录领角鸮、黄雀、棕背伯劳、领雀嘴鹎、红嘴相思鸟、灰头鸦雀等鸟类共28种；竹林生境下记录发冠卷尾、棕头鸦雀、红头长尾山雀、小灰山椒鸟、夜鹭、强脚树莺等鸟类共10种；河流库塘生境下记录青脚鹬、普通翠鸟、褐河乌、大白鹭、绿翅鸭、小䴙䴘等鸟类共30种。

区内各生境下鸟种数量关系为：农田＞阔叶林＞灌丛＝河流库塘＞针阔混交林＞村庄＞针叶林＞竹林。

7.6 珍稀濒危物种

7.6.1 珍稀濒危物种概况

白塔湖湿地公园内有国家重点保护鸟类11种，均为国家Ⅱ级重点保护鸟类。其中，留鸟6种：白腹隼雕、红隼、小鸦鹃、草鸮、斑头鸺鹠、领角鸮；夏候鸟1种：赤腹鹰；冬候鸟4种：游隼、苍鹰、普通鵟、长耳鸮。此外，湿地公园内还有浙江省重点保护鸟类13种。其中，留鸟5种：戴胜、斑姬啄木鸟、棕背伯劳、画眉、红嘴相思鸟；夏候鸟3种：大杜鹃、小杜鹃、红尾伯劳；冬候鸟4种：绿头鸭、斑嘴鸭、绿翅鸭、蚁䴕；旅鸟1种：黄胸鹀。

被《中国生物多样性红色名录——脊椎动物卷》列为近危（NT）的鸟类有7种：游隼、苍鹰、水雉、长嘴剑鸻、白颈鸦、画眉、白眉鹀；易危（VU）1种：白腹隼雕；濒危（EN）1种：黄胸鹀。

白塔湖湿地公园珍稀濒危鸟类物种组成见表7-5。

表7-5　白塔湖湿地公园珍稀濒危鸟类物种组成

目	科	中文名	拉丁名	保护等级	中国生物多样性红色名录	中国鸟类特有种
鸡形目			GALLIFORMES			
	雉科		Phasianidae			
		灰胸竹鸡	*Bambusicola thoracica*			√
雁形目			ANSERIFORMES			
	鸭科		Anatidae			
		绿头鸭	*Anas platyrhynchos*	省重点		
		斑嘴鸭	*Anas zonorhyncha*	省重点		
		绿翅鸭	*Anas crecca*	省重点		
鸻形目			CHARADRIIFORMES			
	鸻科		Charadriidae			
		长嘴剑鸻	*Charadrius placidus*		NT	

续 表

目	科	中文名	拉丁名	保护等级	中国生物多样性红色名录	中国鸟类特有种
	水雉科		Jacanidae			
		水雉	*Hydrophasianus chirurgus*		NT	
鹃形目			CUCULIFORMES			
	杜鹃科		Cuculidae			
		大杜鹃	*Cuculus canorus*	省重点		
		小杜鹃	*Cuculus poliocephalus*	省重点		
		小鸦鹃	*Centropus bengalensis*	国Ⅱ		
鹰形目			ACCIPITRIFORMES			
	鹰科		Accipitridae			
		白腹隼雕	*Aquila fasciata*	国Ⅱ	VU	
		苍鹰	*Accipiter gentilis*	国Ⅱ	NT	
		赤腹鹰	*Accipiter soloensis*	国Ⅱ		
		普通鵟	*Buteo japonicus*	国Ⅱ		
鸮形目			STRIGIFORMES			
	鸱鸮科		Strigidae			
		斑头鸺鹠	*Glaucidium cuculoides*	国Ⅱ		
		领角鸮	*Otus lettia*	国Ⅱ		
		长耳鸮	*Asio otus*	国Ⅱ		
	草鸮科		Tytonidae			
		草鸮	*Tyto longimembris*	国Ⅱ		
犀鸟目			BUCEROTIFORMWS			
	戴胜科		Upupidae			
		戴胜	*Upupa epops*	省重点		
啄木鸟目			PICFORMES			

续 表

目	科	中文名	拉丁名	保护等级	中国生物多样性红色名录	中国鸟类特有种
	啄木鸟科		Picidae			
		斑姬啄木鸟	*Picumnus innominatus*	省重点		
		蚁䴕	*Jynx torquilla*	省重点		
隼形目			FALCINIFORMES			
	隼科		Falconidae			
		红隼	*Falco tinnunculus*	国Ⅱ		
		游隼	*Falco peregrinus*	国Ⅱ	NT	
雀形目			PASSERIFORMES			
	鸦科		Corvidae			
		白颈鸦	*Corvus pectoralis*		NT	
	伯劳科		Laniidae			
		红尾伯劳	*Lanius cristatus*	省重点		
		棕背伯劳	*Lanius schach*	省重点		
	山雀科		Paridae			
		黄腹山雀	*Pardaliparus venustulus*			√
	长尾山雀科		Aegithalidae			
		银喉长尾山雀	*Aegithalos glaucogularis*			√
	噪鹛科		Leiothrichidae			
		红嘴相思鸟	*Leiothrix lutea*	省重点		
		画眉	*Garrulax canorus*	省重点	NT	
	鸫科		Turdidae			
		乌鸫	*Turdus mandarinus*			√
	鹀科		Emberizidae			

目	科	中文名	拉丁名	保护等级	中国生物多样性红色名录	中国鸟类特有种
		白眉鹀	*Emberiza tristrami*		NT	
		黄胸鹀	*Emberiza aureola*		EN	

注：①保护等级：国Ⅱ－国家Ⅱ级重点保护野生动物；省重点－浙江省重点保护陆生野生动物。

②濒危等级：CR－极危；EN－濒危；VU－易危；NT－近危。

7.6.2　重要物种分述

小鸦鹃 *Centropus bengalensis*

【分类地位】鹃形目CUCULIFORMES，杜鹃科Cuculidae

【形态特征】体长30～40cm。头、颈、上背及下体黑色，具深蓝色光泽和亮黑色羽干纹。下背和尾上覆羽淡黑色，具蓝色光泽；尾黑色，具绿色金属光泽和窄的白色尖端；肩、肩内侧和两翅栗色，翅端和内侧次级飞羽较暗褐，显露出淡栗色羽干。幼鸟头、颈和上背暗褐色，具白色羽干和棕色羽缘；腰至尾上覆羽为棕色和黑色横斑相间状，尾淡黑色，具棕色端斑。中央尾羽具棕白色横斑和棕色端斑。下体淡棕白色，羽干白色，胸和两胁暗色，两胁具暗褐色横斑。两翅栗色，翼下覆羽淡栗色，且杂有暗色细纹。虹膜成鸟黑色，幼鸟黄褐色；嘴成鸟黑色，幼鸟角黄色，仅嘴基和尖端较黑；脚铅黑色。

【生活习性】栖息于低山丘陵和开阔山脚平原地带的灌丛、草丛、果园和次生林中。小鸦鹃为留鸟，常单独或成对活动。性机智而隐蔽，稍有惊动，立即奔入稠茂的灌丛或草丛中。主要以蝗虫、蝼蛄、金龟、椿象、白蚁、螳螂、螽斯等昆虫和其他小型动物为食，也吃少量植物果实与种子。鸣叫声一种为几声深沉空洞的"hoop"声，速度上升，音高下降；第二种叫声为一连串的"kroop-kroop-kroop"声。

【珍稀濒危等级】《国家重点保护野生动物名录》Ⅱ级重点保护野生动物。

斑头鸺鹠 *Glaucidium cuculoides*

【分类地位】鸮形目 STRIGIFORMES，鸱鸮科Strigidae

【形态特征】体长20～26cm。头、颈和整个上体包括两翅表面暗褐色，密被细狭的棕白色横斑，尤以头顶横斑特别细小而密。眉纹白色，较短狭。部分肩羽和大覆羽外翈有大的白斑，飞羽黑褐色，外翈缀以棕色或棕白色三角形羽缘斑，内翈有同色横斑；三级飞羽内外翈均具横斑；尾羽黑褐色，具6道显著的白色横斑和羽端斑；颏、颚纹白色，喉中部褐色，具皮黄色横斑；下喉和上胸白色，下胸白色，具褐色横斑；腹白色，具褐色纵纹；尾下覆羽纯白色，跗跖被羽，白色而杂以褐斑，腋羽纯白色。幼鸟上体横斑较少，有时几乎纯褐色，仅具少许淡色斑点。虹膜黄色；嘴黄绿色，基部较暗；蜡膜暗褐色；趾黄绿色；爪近黑色。

【生活习性】栖息于从平原、低山丘陵到海拔2000m左右的中山地带的阔叶林、混交林、次生林和林缘灌丛，也出现于村寨和农田附近的疏林和树上。斑头鸺鹠为留鸟，大多单独或成对活动。大多在白天活动和觅食，能像鹰一样在空中捕捉小鸟和大型昆虫，也在晚上活动。主要以蝗虫、甲虫、螳螂、蝉、蟋蟀、蚂蚁、蜻蜓、毛虫等各种昆虫和幼虫为食，也吃鼠类、小鸟、蚯蚓、蛙和蜥蜴等动物。鸣声嘹亮，不同于其他鸮类，晨昏时发出快速的颤音，调降而音量增；另发出一种似犬叫的双哨音，音量增高且速度加快，重复至全音响。

【珍稀濒危等级】《国家重点保护野生动物名录》Ⅱ级重点保护野生动物。

领角鸮 *Otus lettia*

【分类地位】鸮形目 STRIGIFORMES，鸱鸮科 Strigidae

【形态特征】体长20～27cm。额和面盘白色或灰白色，稍缀以黑褐色细点。两眼前缘黑褐色，眼端刚毛白色，具黑色羽端，眼上方羽毛白色。耳羽外翈黑褐色，具棕褐色斑；内翈棕白色而杂以黑褐色斑点。上体包括两翅表面大多灰褐色，具黑褐色羽干纹和虫蠹状细斑，并杂有棕白色斑点，这些棕白色斑点在后颈处特别大而多，从而形成一个不完整的半领圈；肩和翅上外侧覆羽端具有棕色或白色大型斑点。初级飞羽黑褐色，外翈杂以宽阔的棕白色横斑。尾灰褐色，横贯以6道棕色而杂有黑色斑点的横斑。颏、喉白色，上喉有一圈皱领，微沾棕色，各羽具黑色羽干纹，两侧有细的横斑纹，其余下体白色或灰白色，满布粗著的黑褐色羽干纹及浅棕色波状横斑。尾下覆羽纯白色，覆腿羽棕白色而微具褐色斑点，趾被羽。虹膜褐色，嘴角色沾绿，爪角黄色。

【生活习性】主要栖息于山地阔叶林和混交林中，也出现于山麓林缘和村寨附近树林内。领角鸮为留鸟，除繁殖期成对活动外，通常单独活动。主要以鼠类、壁虎、蝙蝠、甲虫、蝗虫、鞘翅目昆虫为食。夜行性，白天多躲藏在树上浓密的枝叶丛间，晚上才开始活动和鸣叫。鸣声低沉。飞行轻快无声。

【珍稀濒危等级】《国家重点保护野生动物名录》Ⅱ级重点保护野生动物，《IUCN红色名录》无危（LC）等级，《中国生物多样性红色名录——脊椎动物卷》无危（LC）等级。

长耳鸮 *Asio otus*

【分类地位】鸮形目 STRIGIFORMES，鸱鸮科Strigidae

【形态特征】体长33～40cm。面盘显著，中部白色，杂有黑褐色，面盘两侧为棕黄色而羽干白色。耳羽发达，位于头顶两侧，显著突出于头上，状如两耳。上体棕黄色，具粗著的黑褐色羽干纹，羽端两侧密杂以褐色和白色细纹。初级飞羽黑褐色，基部具棕色横斑，端部则杂以灰褐色云石状斑和黑褐色横斑；次级飞羽灰褐色，密杂以黑褐色横斑和斑点。尾上覆羽棕黄色，具黑褐色细斑，尾羽基部棕黄色，具7道黑褐色横斑，在端部横斑之间还缀有同色云石状细小斑点。颏白色，其余下体棕黄色，胸具宽阔的黑褐色羽干纹，下腹中央棕白色。跗跖和趾被羽，棕黄色。虹膜橙色，嘴和爪暗铅色，尖端黑色。

【生活习性】栖息于针叶林、针阔混交林和阔叶林等各种类型的森林中，也出现于林缘疏林、农田防护林和城市公园的林地中。夜行性，白天多躲藏在树林中，常垂直栖息在树干近旁侧枝上或林中空地上草丛中，黄昏和晚上才开始活动。平时多单独或成对活动，但迁徙期间和冬季则常结成10～20只，有时甚至结成多达30只的大群活动。以鼠类等啮齿动物为食，也吃小型鸟类、哺乳类和昆虫。繁殖期常于夜间鸣叫，其声低沉而长。

【珍稀濒危等级】《国家重点保护野生动物名录》Ⅱ级重点保护野生动物。

草鸮 *Tyto longimembris*

【分类地位】鸮形目 STRIGIFORMES，鸱鸮科 Strigidae

【形态特征】体长33～40cm。面盘灰棕色，呈心脏形，有暗栗色边缘。上体暗褐，具棕黄色斑纹，近羽端有白色小斑点。飞羽黄褐色，有暗褐色横斑；尾羽浅黄栗色，有4道暗褐色横斑。下体淡棕白色，具褐色斑点，但脸及胸部的皮黄色，色彩甚深。脚强健有力，跗跖下部和趾常裸露，第四趾能向后反转，以利攀缘，爪大而锐。虹膜褐色，嘴黄褐色，爪黑褐色。

【生活习性】栖息于山麓草丛、灌丛中，经常活动于茂密的热带草原、沼泽地，特别是芦苇荡边的蔗田，隐藏在地面上的高草中，有时也在幼松顶部脆弱的树枝上栖息。夜行性，多在黄昏和晚上活动和猎食，以鼠类、蛙、蛇、鸟卵等为食。叫声响亮刺耳。

【珍稀濒危等级】《国家重点保护野生动物名录》Ⅱ级重点保护野生动物。

白腹隼雕 *Aquila fasciata*

【分类地位】鹰形目 ACCIPITRIFORMES，鹰科 Accipitridae

【形态特征】体长70～74cm。上体暗褐色，头顶和后颈呈棕褐色，头顶羽呈矛状。颈侧和肩部的羽缘灰白色，飞羽为灰褐色，内侧的羽片上有呈云状的白斑。灰色的尾羽较长，上面具有7道不甚明显的黑褐色波浪形斑和宽阔的黑色亚端斑。下体白色，沾有淡栗褐色。翼下覆羽黑色，飞羽下面白色而具波浪形暗色横斑，与白色的下体、翼缘均极为醒目。幼鸟黄褐色，头部皮黄色具深色纵纹，脸侧略暗。翼具黑色后缘，沿大覆羽有深色横纹，其余覆羽色浅。虹膜淡褐色；嘴蓝灰色，尖端为黑色，基部灰黄色；蜡膜黄色；趾为柠檬黄色；爪黑色。

【生活习性】白腹隼雕在繁殖季节主要栖息于低山丘陵和山地森林中的悬崖和河谷岸边的岩石上，尤其是富有灌丛的荒山和有稀疏树木生长的河谷地带。非繁殖期也常沿着海岸、河谷进入山脚平原、沼泽，甚至半荒漠地区。寒冷季节常到开阔地区游荡。飞翔时速度很快，能发出尖锐的叫声。性情较为大胆而凶猛，行动迅速，常单独活动。飞翔时两翅不断煽动，多在低空鼓翼飞行，很少在高空翱翔和滑翔。捕捉鸟类和兽类等为食，但不吃腐肉，主要以鼠类、水鸟、鸡类、岩鸽、斑鸠、鸦类和其他中小型鸟类为食，也吃野兔、爬行类和大的昆虫。

【珍稀濒危等级】《国家重点保护野生动物名录》Ⅱ级重点保护野生动物，《IUCN红色名录》无危（LC）等级，《中国生物多样性红色名录——脊椎动物卷》易危（VU）等级。

赤腹鹰 *Accipiter soloensis*

【**分类地位**】鹰形目 ACCIPITRIFORMES，鹰科 Accipitridae

【**形态特征**】体长27～36cm。成鸟上体淡蓝灰，背部羽尖略具白色，外侧尾羽具不明显黑色横斑；下体白，胸及两胁略沾粉色，两胁具浅灰色横纹，腿上也略具横纹。成鸟翼下特征为除初级飞羽羽端黑色外，几乎全白。亚成鸟上体褐色，尾具深色横斑，下体白，喉具纵纹，胸部及腿上具褐色横斑。虹膜红或黄色；嘴灰色，端黑；蜡膜橘黄色；脚橘黄色；爪黑色。

【**生活习性**】栖息于山地森林和林缘地带，也见于低山丘陵和山麓平原地带的小块丛林、农田地缘和村庄附近。常单独或成小群活动，休息时多停息在树木顶端或电线杆上。日行性，多单独活动，有时也利用上升的热气流在空中盘旋和翱翔，盘旋时两翼常往下压和抖动。领域性甚强。捕食动作快，有时在上空盘旋。繁殖期发出一连串快速而尖厉的带鼻音笛声，音调下降。主要以蛙、蜥蜴等动物性食物为食，也吃小型鸟类、鼠类和昆虫。主要在地面上捕食，常站在树顶等高处，见到猎物则突然冲下捕食。

【**珍稀濒危等级**】《国家重点保护野生动物名录》Ⅱ级重点保护野生动物。

苍鹰 *Accipiter gentilis*

【**分类地位**】鹰形目 ACCIPITRIFORMES，鹰科 Accipitridae

【**形态特征**】体长47～60cm。成鸟前额、头顶、枕和头侧黑褐色，颈部羽基白色；眉纹白而具黑色羽干纹；耳羽黑色；上体到尾灰褐色；飞羽有暗褐色横斑。尾灰褐色，具3～5道黑褐色横斑。喉部有黑褐色细纹及暗褐色斑。胸、腹、两胁和覆腿羽布满较细的横纹，羽干黑褐色。肛周和尾下覆羽白色，有少许褐色横斑。幼鸟上体褐色，头侧、颏、喉、下体棕白色，有粗的暗褐色羽干纹；尾羽灰褐色，具4～5条比成鸟更显著的暗褐色横斑。虹膜金黄或黄色，蜡膜黄绿色，嘴黑基部沾蓝，脚和趾黄色，爪黑色。

【**生活习性**】栖息于疏林、林缘和灌丛地带。次生林中也较常见。栖息于不同海拔高度的针叶林、混交林和阔叶林等森林地带，也见于山地平原和丘陵地带的疏林和小块林内。视觉敏锐，善于飞翔。白天活动。性甚机警，亦善隐藏。通常单独活动，叫声尖锐洪亮。飞行快而灵活，能利用短圆的翅膀和长的尾羽来调节速度和改变方向，在林中或上或下、或高或低穿行于树丛间。主要以森林鼠类、野兔、雉类、榛鸡、鸠鸽类和其他小型鸟类为食。

【珍稀濒危等级】《国家重点保护野生动物名录》Ⅱ级重点保护野生动物，《中国生物多样性红色名录——脊椎动物卷》近危（NT）等级。

普通鵟 *Buteo japonicus*

【分类地位】鹰形目ACCIPITRIFORMES，鹰科Accipitridae

【形态特征】体长50～59cm。上体包括两翅棕褐色，羽端淡褐色或白色，小覆羽栗褐色，外侧初级飞羽黑褐色，内侧飞羽黑褐色，内翈基部和羽缘白色，展翅时形成显著的翼下大型白斑。尾羽棕褐色，羽端黄褐色，亚端斑深褐色，往尾基部横斑逐渐不清晰，代之以灰白色斑纹。颏、喉乳黄色，具棕褐色羽干纹；胸、两胁具大型棕褐色粗斑，体侧尤甚；腹部乳黄色，有淡褐色细斑。尾下覆羽乳黄色，尾羽下面银灰色，有不清晰的暗色横斑。幼鸟上体多为褐色，具淡色羽缘。喉白色，其余下体皮黄白色，具宽的褐色纵纹。尾桂皮黄色，具大约10道窄的黑色横斑。

【生活习性】常在开阔平原、荒漠、旷野、开垦的耕作区、林缘草地和村庄上空盘旋翱翔。多单独活动，有时亦见2～4只在天空盘旋。活动主要在白天。性机警，视觉敏锐。善飞翔，每天大部分时间在空中盘旋滑翔，短而圆的尾呈扇形展开，姿态极为优美。以森林鼠类为食，食量甚大。除啮齿类外，也吃蛙、蜥蜴、蛇、野兔、小鸟和大型昆虫等动物性食物，有时亦到村庄捕食鸡等家禽。

【珍稀濒危等级】《国家重点保护野生动物名录》Ⅱ级重点保护野生动物。

红隼 *Falco tinnunculus*

【分类地位】隼形目FALCONIFORMES，隼科Falconidae

【形态特征】体长30～36cm。雄鸟头蓝灰色，背和翅上覆羽砖红色，具三角形黑斑；腰、尾上覆羽和尾羽蓝灰色，尾具宽阔的黑色次端斑和白色端斑；眼下有一条垂直向下的黑色口角髭纹；下体颏、喉乳白色或棕白色，其余下体乳黄色或棕黄色，具黑褐色纵纹和斑点。雌鸟上体从头至尾棕红色，具黑褐色纵纹和横斑；下体乳黄色，除喉外均被黑褐色纵纹和斑点，具黑色眼下纵纹。翅狭长而尖，尾亦较长，脚、趾黄色，爪黑色。

【生活习性】栖息于山地森林、低山丘陵、草原、旷野、森林平原、山区植物稀疏的混合林、开垦耕地、旷野灌丛、草地、林缘、林间空地、疏林和有稀疏树木生长的旷野、河谷和农田地区。飞翔时两翅快速地扇动，偶尔进行短暂的滑翔。栖息时多栖于空旷地区孤立的高树梢上或电线杆上。平常喜欢单独活动，尤以傍晚时最为活跃。飞翔力强，喜逆风飞翔，可快速振翅停于空中。视力敏捷，取食迅速，见地面有食物时便迅速俯冲捕捉，也可在空中捕取小型鸟类和蜻蜓等。

【珍稀濒危等级】《国家重点保护野生动物名录》Ⅱ级重点保护野生动物。

游隼 *Falco peregrinus*

【分类地位】隼形目 FALCONIFORMES，隼科Falconidae

【形态特征】体长41～50cm。头顶和后颈暗石板蓝灰色到黑色，有的缀有棕色，颊有一粗著的垂直向下的黑色髭纹。背、肩蓝灰色，具黑褐色羽干纹和横斑；腰和尾上覆羽亦为蓝灰色，但稍浅，黑褐色横斑亦较窄；尾暗蓝灰色，具黑褐色横斑和淡色尖端。下体白色，上胸有黑色细斑点，下胸至尾下覆羽密被黑色横斑。飞翔时翼下和尾下白色，密布白色横带。幼鸟上体暗褐色，下体淡黄褐色，胸、腹具黑褐色纵纹。虹膜暗褐色；眼睑和蜡膜黄色；嘴铅蓝灰色，嘴基部黄色，嘴尖黑色；脚和趾橙黄色；爪黄色。

【生活习性】栖息于山地、丘陵、荒漠、半荒漠、海岸、旷野、草原、河流、沼泽与湖泊沿岸地带，也到开阔的农田、耕地和村屯附近活动。多单独活动，叫声尖锐，略微沙哑。通常在快速鼓翼飞翔时伴随着一阵滑翔，也喜欢在空中翱翔。主要捕食野鸭、鸥、鸠鸽类、乌鸦和鸡类等中小型鸟类，偶尔也捕食鼠类和野兔等小型哺乳动物。

【珍稀濒危等级】《国家重点保护野生动物名录》Ⅱ级重点保护野生动物，《中国生物多样性红色名录——脊椎动物卷》近危（NT）等级。

第8章 兽类资源

8.1 调查路线和时间

本次调查范围覆盖整个白塔湖湿地公园以及周边地区，包括七里、朱家站、金家站、何家山头等村。对于公园内面积相对较大的岛，采取乘船登岛的方式调查。根据地形地貌共设置40条调查样线。2017年4月至2018年10月期间，共组织了6轮调查。

8.2 调查方法和物种鉴定

白塔湖湿地公园兽类调查主要采用样线法、红外触发相机陷阱法、铗日法、网捕法、访问与资料收集法。

样线法：调查时选择典型生境布设样线，样线基本覆盖所选样地中所有的生境类型。观察对象为动物个体和动物活动痕迹，调查时沿样线两侧仔细搜索和观察动物的活动痕迹，如足迹、粪便、卧迹、啃食痕迹、拱迹、洞巢穴等，包括越过样线的个体以及样线预定宽度以外的个体或活动痕迹。对所发现的痕迹根据形状、大小等特征进行分析，判断兽类的种类。

红外触发相机陷阱法：主要用于调查大中型兽类。当温血动物从装置前方经过时，红外相机能自动感应识别动物，并拍摄照片或视频进行记录。调查时根据不同海拔高度和生境安放红外相机，通常选择在兽径、水源地、觅食场所等地，也可选择在有兽类活动痕迹（粪便、足迹等）附近安放。根据随即抽样原理，在白塔湖湿地公园选择有兽类活动的位置安放红外触发相机60台。红外触发相机累计工作4785个工作日（1个工作日指1台相机工作一昼夜的时间），累计拍摄有效照片815张。

铗日法：在不同生境中，以新鲜花生米、火腿肠、炸肉为食饵，采用中号铁板夹和鼠笼捕捉小型兽类。放置一昼夜为1个铗日，共布放400个铗日。

网捕法：主要用于翼手目的调查。利用竖琴网或鸟网进行调查，天黑前将竖琴网或鸟网安放于林道等环境，次日清晨检查捕获情况并取回标本。

访问与资料收集法：考虑到兽类物种的可见率较低，为扩大资料来源，本次调查对样线分布地区和周边村中对白塔湖公园情况较熟悉的居民进行访谈，通过图鉴照片指认对比，收集被发现或被捕获的物种数据。访谈内容包括捕获或发现时间、捕获或发现地点、捕获或发现频率、数量、大小、重量等，捕获或发现时间过长（＞10年）的数据需剔除。访谈结果数据都尽可能要有除访谈者外的他人佐证。同时查看居民家中保存的皮张、足爪、头骨等兽类标本，以确定白塔湖湿地公园过去和现在可能存在的兽类种类及数量。采集到的标本先用药品灭杀体表寄生虫，然后测量、记录其外形量度，再将标本定形并保存于95%的酒精中。并参考店口镇、阮市镇、山下湖镇和江藻镇等地区的历史资料、动物资源调查报告、参考文献等，作为补充数据。

物种鉴定依据《中国兽类野外手册》《中国哺乳动物图鉴》及部分模式标本描述的文献。中文名及拉丁名的确定以《中国哺乳动物多样性及地理分布》为准。

8.3 物种多样性和特征

8.3.1 物种组成

根据调查结果，白塔湖湿地公园共记录兽类19种，分属5目9科。其中，劳亚食虫目2科2种，占兽类物种总数的10.53%；翼手目2科5种，占总数的26.31%；兔形目1科1种，占总数的5.26%；啮齿目3科8种，占总数的42.11%；食肉目1科3种，占总数的15.79%（见图8-1）。

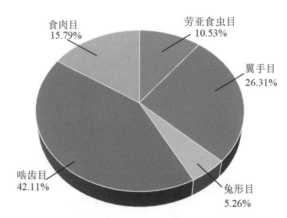

食肉目
15.79%

劳亚食虫目
10.53%

翼手目
26.31%

兔形目
5.26%

啮齿目
42.11%

图 8-1　白塔湖湿地公园兽类物种多样性分析

　　调查发现，白塔湖湿地公园内黄鼬、赤腹松鼠及鼠科物种等种类的兽类
资源量较高；其他兽类物种的资源量较少（见表8-1）。

表8-1　白塔湖湿地公园兽类物种组成

目、科、种	保护等级	中国生物多样性红色名录	IUCN红色名录	地理分布
一、劳亚食虫目 EULIPOTYPHLA				
（一）猬科 Erinaceidae				
1. 刺猬 *Erinaceus amurensis*		LC	LC	Pa
（二）鼩鼱科 Soricidae				
2. 臭鼩 *Suncus murinus*		LC	LC	O
二、翼手目 CHIROPTERA				
（三）菊头蝠科 Rhinolophidae				
3. 小菊头蝠 *Rhinolophus pusillus*		LC	LC	O
4. 中华菊头蝠 *Rhinolophus sinicus*		LC	LC	O
（四）蝙蝠科 Vespertilionidae				
5. 东亚伏翼 *Pipistrellus abramus*		LC	LC	Pa
6. 大棕蝠 *Eptesicus serotinus*		LC	LC	O
7. 中管鼻蝠 *Murina huttoni*		LC	LC	O

续 表

目、科、种	保护等级	中国生物多样性红色名录	IUCN红色名录	地理分布
三、兔型目 LAGOMORPHA				
（五）兔科 Leporidae				
8. 华南兔 *Lepus sinensis*		LC	LC	O
四、啮齿目 RODENTIA				
（六）松鼠科 Sciuridae				
9. 赤腹松鼠 *Callosciurus erythraeus*		LC	LC	O
（七）仓鼠科 Crietidae				
10. 东方田鼠 *Microtus fortis*		LC	LC	Pa
（八）鼠科 Muridae				
11. 巢鼠 *Micromys minutus*		LC	LC	O
12. 小家鼠 *Mus musculus*		LC	LC	Pa
13. 北社鼠 *Niviventer confucianus*		LC	LC	O
14. 黑线姬鼠 *Apodemus agrarius*		LC	LC	Pa
15. 褐家鼠 *Rattus norvegicus*		LC	LC	O
16. 黄毛鼠 *Rattus losea*		LC	LC	O
五、食肉目 CARNIVORA				
（九）鼬科 Mustelidae				
17. 黄鼬 *Mustela sibirica*	省重点	LC	LC	Pa
18. 黄腹鼬 *Mustela kathiah*	省重点	NT	LC	O
19. 鼬獾 *Melogale moschata*		NT	LC	O

注：①保护等级：省重点－浙江省重点保护陆生野生动物。

②濒危等级：NT－近危；LC－无危。

③地理分布：Pa－古北界分布；O－东洋界分布。

8.3.2　多样性指数

根据G-F指数公式计算得出，白塔湖湿地公园兽类的G指数为2.53，F指数为3.61，G-F指数为0.30。白塔湖湿地公园兽类的F指数和的G指数差异不明显，表明区内兽类科间和其属间差异不大。因白塔湖湿地公园人为活动较为频繁，生态系统具有较高的敏感性和脆弱性，区内脆弱的生境一旦被破坏，就难以恢复，必将对区内兽类物种的生存造成严重威胁，因此，要加强对白塔湖湿地公园内兽类物种生境的保护，以维持区内兽类物种的多样性。

8.4　区系组成、生态类群和优势种

8.4.1　区系组成

根据兽类调查结果，统计分析数据。在动物地理区划上，白塔湖湿地公园位于东洋界华中区东部丘陵平原亚区，兽类19种。其中，东洋界种类13种，占68.4%；古北界种类6种，占31.6%；东洋界种类在兽类区系组成中占绝对优势。啮齿目种类最多，其次为翼手目、食肉目2目，表现出较为明显的山地丘陵特征。

8.4.2　生态类群

根据生境和兽类生态习性，白塔湖湿地公园兽类生态类群可归纳为以下4种。

（1）半地下生活型：该类动物多善于掘土穴居，也在地面觅食，主要为大部分鼠类。白塔湖湿地公园内有巢鼠、小家鼠、北社鼠、黑线姬鼠、褐家鼠、黄毛鼠、鼩鼱科臭鼩、仓鼠科东方田鼠、猬科东北刺猬，共9种，占白塔湖湿地公园兽类总数的47.37%。

（2）地面生活型：这一生态类群的兽类其形态特征表现为四肢发达、善于奔跑。白塔湖湿地公园内有食肉目的黄鼬、黄腹鼬、鼬獾以及兔形目的华南兔，共4种，占白塔湖湿地公园兽类总数的21.05%。

（3）树栖型：松鼠科物种，营树栖生活，较少于地面活动。白塔湖湿地公园内有赤腹松鼠，占白塔湖湿地公园兽类总数的5.26%。

（4）洞栖型：翼手目物种，栖息于岩洞或树洞内，多夜间活动。白塔湖湿地公园内有小菊头蝠、中华菊头蝠、东亚伏翼、大棕蝠、中管鼻蝠属未确定种，共5种，占白塔湖湿地公园兽类总数的26.32%。

8.4.3 优势种

根据调查数据分析，白塔湖湿地公园兽类优势种为黄鼬、巢鼠、小家鼠、北社鼠、黑线姬鼠、褐家鼠、黄毛鼠、中华菊头蝠、东亚伏翼、大棕蝠，共10种；该地区常见种有小菊头蝠、中管鼻蝠、赤腹松鼠、臭鼩、东方田鼠、东北刺猬，共6种；该地区稀有种有黄腹鼬、鼬獾以及华南兔，共3种。

8.5 珍稀濒危物种

8.5.1 珍稀濒危物种概况

湿地公园19种兽类中，黄腹鼬被列入《浙江省重点保护陆生野生动物名录》和《IUCN红色名录》近危（NT）等级；黄鼬被列入《浙江省重点保护陆生野生动物名录》；鼬獾被列入《IUCN红色名录》近危（NT）等级。

8.5.2 重要物种分述

黄腹鼬 *Mustela kathiah*

【分类地位】食肉目 CARNIVORA，鼬科 Mustelidae

【形态特征】体长20～34cm，尾长10～18cm，体重200～300g。体形比黄鼬小。尾长而细，长度大于体长之半。周身被毛短。尾毛略长，但不蓬松。跖行性，掌生稀疏短毛，前、后足趾、掌垫都很发达。上体背部为咖啡褐色。头、颈、背部、四肢以及尾部皆与背色一致。腹部从喉部经颈下至鼠鼷部及四肢肘部为沙黄色。下唇、下颌毛色较浅，呈淡黄色。腹侧间分界线直而清晰。

【生活习性】黄腹鼬多栖于山地森林、草丛、低山丘陵、农田及村庄附近，有时也见于海拔3000m以上的高山。白天很少活动，一般是黄昏时候开始活动，在夜间更加活跃。活动范围不宽，出入循一定的路线。黄腹鼬性情凶猛，行动敏捷，食物以鼠类为主，也吃鱼、蛙、昆虫，偶尔取食浆果。

【珍稀濒危等级】《中国生物多样性红色名录——脊椎动物卷》近危（NT）等级，浙江省重点保护野生动物。

黄鼬 *Mustela sibirica*

【分类地位】食肉目CARNIVORA，鼬科Mustelidae

【形态特征】体长28～40cm，尾长12～25cm，体重210～1200g。体形中等，身体细长。头细，颈较长。耳壳短而宽，稍突出于毛丛。尾长约为体长之半。冬季尾毛长而蓬松，夏秋毛绒稀薄，尾毛不散开。四肢较短，均具5趾，趾间有很小的皮膜。肛门腺发达。毛色从浅沙棕色到黄棕色，腹毛稍浅，四肢、尾与身体同色。鼻基部、前额及眼周浅褐色，略似面纹。鼻垫基部及上、下唇为白色，喉部及颈下常有白斑。

【生活习性】栖息于山地和平原，见于林缘、河谷、灌丛和草丘中，也常在村庄附近出没。居于石洞、树洞或倒木下。夜行性，尤其是清晨和黄昏活动频繁，有时也在白天活动。通常单独行动。善于奔走，能贴伏地面前进，钻越缝隙和洞穴，也能游泳、攀树和墙壁等。除繁殖期外，一般没有固定的巢穴。通常隐藏在柴草堆下、乱石堆、墙洞等处。嗅觉十分灵敏，但视觉较差。性情凶猛，常捕杀超过其食量的猎物，食物以鼠类为主，也吃鸟卵及幼雏、鱼、蛙、昆虫。

【珍稀濒危等级】浙江省重点保护野生动物。

鼬獾 *Melogale moschata*

【分类地位】食肉目CARNIVORA，鼬科Mustelidae

【形态特征】体长31～43cm，尾长12～22cm，体重500～1600g。鼬獾比真正的獾类小，更纤细，但比鼬类更粗壮。四肢短，鼻吻长、软骨质，突出于下颌，无分开上唇的人中。前、后足均具5趾，爪长，不能收缩，跖裸露到踵部。面部颜色基本为深色（浅灰色或浅褐色），但颊部有大的白色斑块，眼之间有白斑。白色面部颜色有很大的变化。两颊均有小的黑色斑点，从耳间的头顶到肩部有一苍白色条纹纵贯，然后逐渐变细，至背中部时消失。黑色带一条贯穿吻部，另一条则贯穿前额。体色为深灰色或褐色，下体从下颌、喉、腹部直至尾基为苍白色、黄白色、肉桂色到杏黄色。尾小于或等于头体长的一半，蓬松，尾尖白色。

【生活习性】需栖息于河谷、沟谷、丘陵及山地的森林、灌丛和草丛中，亦在农田区的土丘、草地和烂木堆中栖息。喜欢在海拔2000m以下的低山常绿落叶、阔叶林带活动。夜行性，入夜后成对出来活动，凌晨回洞，个别活动和觅食时间可达拂晓。白天一般都隐居洞中，偶尔在洞穴周围的草木丛中休息。若遇惊动，便潜入洞中。喜好在干涸的水沟或小溪边觅食，用脚爪和鼻吻扒挖食物。杂食性，以蚯蚓、虾、蟹、昆虫、泥鳅、小鱼、蛙和鼠等为食，亦食植物的果实和根茎。活动较迟钝，行走时腹部几乎贴地，常以鼻贴近地面搜索前进。

【珍稀濒危等级】《中国生物多样性红色名录——脊椎动物卷》近危（NT）等级。

第❾章 野生动物资源评价

9.1 生物多样性保护价值

白塔湖湿地公园动物资源丰富，其中包括多种珍稀濒危动物。该区域内野生动物地理区系属于东洋界中印亚界的华中区东部丘陵平原亚区，在动物区系组成上，有大量东洋界动物种群，具有明显的东洋界特征。本次科考调查到野生脊椎动物229种，隶属31目78科，占全省总种数的27.8%（数据引用《浙江动物志》）。其中，鱼类7目15科54种；两栖类1目4科10种；爬行类2目6科13种；鸟类分属16目45科133种；兽类5目9科19种。

白塔湖湿地公园脊椎动物有国家重点保护野生动物12种，均为国家Ⅱ级重点保护野生动物。《IUCN红色名录》濒危等级易危（VU）及以上物种5种，其中，极危（CR）1种，濒危（EN）1种，易危（VU）3种。《中国生物多样性红色名录——脊椎动物卷》易危（VU）及以上物种8种，其中，濒危（EN）5种，易危（VU）3种。浙江省重点保护野生动物17种。

9.2 生境保护价值

白塔湖国家湿地公园入选浙江省十大"最美湿地"、《浙江省首批省重要湿地名录》，是浙江省经济发达地区难得一见的农耕式河网湖泊湿地，是钱塘江流域保存完好的重要湿地之一，也是诸暨市重要的生态屏障。白塔湖湿地公园的建立使得该区域的湿地生态系统得到全面有效的保护，对防止湿地功能退化、保障区域生态安全起到重要作用。诸暨市政府已将其划定为陆生野生动物禁猎区，为生物多样性的保存提供了强有力的支持，生态效益十分显著。

同时，白塔湖湿地公园自然质朴，景观独具特色，水陆相通，风光旖旎，素有"诸暨白塔湖，浙中小洞庭"的美称，成为集自然湿地、农耕湿地、文化湿地于一体的国家湿地公园，是湿地生态旅游的首选之地，生境保护价值巨大。

9.3　受胁现状

白塔湖湿地公园生态环境良好，生物多样性丰富，分布多种珍稀濒危动物，但有一些问题亟待解决。

1. 栖息地破碎化

白塔湖湿地公园为湖泊湿地，公园内有78个岛屿，绝大部分岛屿是村集体所有土地，已承包到户。大部分岛屿上仍有当地居民进行耕种、养殖等作业，人类生产活动对野生动物的栖息环境造成较大干扰，使得野生动物的栖息环境变得零散。公园内的岛屿也是两栖类物种的主要繁殖场所，耕种过程中所使用的农药和化肥易导致两栖类物种幼体的死亡和畸变。

2. 人为干扰及非法猎捕

白塔湖湿地公园丰富的动植物资源、秀丽的风光景色为开展生态旅游奠定了良好的基础，虽然在《白塔湖总体规划》中对野生动物有具体的保护措施，但是游客往来势必对野生动物产生一定程度的干扰。受地形限制，白塔湖湿地公园同周边村庄缺乏物理隔离，当地居民进入湿地公园内从事耕作较为方便，这也给非法捕猎留下了隐患。据当地居民反映，有个别人员在公园周边布鸟网，非法垂钓亦是非常普遍，这都直接影响到野生鸟类和鱼类的种群数量。湿地管理机构通过加密监控探头、加强巡逻执法等措施，仍然无法杜绝非法捕猎等行为。

3. 外来入侵物种

当前，外来生物入侵已成为生态系统中最严重的全球性问题之一，它威胁着当地乃至全球的生态环境和经济发展。目前，我国34个省（自治区、直辖市、特别行政区），无一例外都有外来物种，森林、农区、水域、湿地、草地、居民区等都可见到入侵物种。红耳龟和福寿螺是我国湿地生态系统主要的两种外来入侵动物。

白塔湖湿地公园内水域发现有红耳龟和福寿螺。红耳龟也称巴西龟，原产于美国中部至墨西哥北部，具有极高的种内密度和极强的种间竞争力，因此该物种已在欧洲、非洲、大洋洲、亚洲等地成功入侵，并被列为世界最危险的100种外来入侵物种之一。福寿螺于1981年引入中国，其适应环境的生存能力强、繁殖快、食性杂，危害莲藕。幼螺可从叶底啃食水生植物叶片，致使叶片穿孔或缺刻，严重时叶片被啃食得千疮百孔，难以抽离水面。根据调查，白塔湖湿地公园的红耳龟和福寿螺的分布点和数量较少，没有形成实质性的危害，但是管理部门要提高防治意识，尽早处理，将不利影响降到最低。

9.4 保护建议

1. 妥善处理公园内集体土地

白塔湖湿地公园规划面积856.00hm²，其中，集体土地576.32hm²，国有土地279.68hm²。国有土地中河道占主体，耕地、坑塘水面只有10.39hm²。集体土地基本上已承包到户，由当地居民或者承包大户进行农业生产。野生动物的栖息、取食不可避免对农业生产产生不利的影响。通过集体土地征收、租赁、置换、地役权变动、使用权捐赠等多种措施，由白塔湖湿地公园管理机构行使部分土地的使用权，用来设立野生动物栖息地，由国家承担湿地生态保护的主体责任，生态效益和社会效益由全民共享。在湿地公园内开展土地休耕，降低土地利用强度，除进行一定的湿地生态修复和开展生态旅游外，尽可能减少人类活动干扰。

2. 开展野生动物栖息地改造

为湿地野生动物开辟栖息繁育场所，选择部分岛屿，根据目标物种，通过退耕还湿、退养还滩、堆场保育、微地形改造等措施，营造具有一定规模的芦苇荡、水上森林、浅滩等自然生境，用于吸引野生动物前来栖息。通过构建以诸暨乡土植物为主体的湿地植物群落，提升白塔湖湿地公园内水体的自我净化能力。设立若干野生动物食物补给基地，留取部分水稻不予收割，使之成为鸟类的取食地，吸引越冬候鸟来白塔湖栖息，同时营造完整的食物链，提升白塔湖湿地生态系统的稳定性。

3. 加强外来入侵物种的防治

第一，建立外来入侵生物信息系统，加强对外来物种的监控，防止出现新的外来入侵物种。第二，对于已存在的红耳龟、福寿螺等外来入侵物种要制定专项治理方案，联合有防治经验的科研院所实施有效治理，将其危害降至最低。第三，提高全民防治意识，加强对外来入侵物种的宣传，增强人们对外来有害生物危害的了解，避免由肆意放养造成的物种入侵。

4. 加强对白塔湖湿地公园的执法力度

2015年9月和2017年3月，诸暨市人民政府分别发布通告，明确禁止在白塔湖湿地公园内进行破坏渔业资源的违法捕捞行为、一切垂钓活动和狩猎行为。要充分利用视频监控等科技手段加强对公园内人类活动的监管；定期联合林业、农业等主管部门开展保护野生动物执法专项行动；联合检察院探索开展野生动物保护刑事附带公益诉讼的方法，提升全社会保护野生动物的法律意识，推动野生动物保护法律效果、社会效果的有机统一。

5. 加大保护宣传力度

在每年"世界湿地日""野生动植物保护宣传月""爱鸟周"开展湿地保护科普宣传，通过展板、视频展示等形式向公众宣传白塔湖湿地公园的景观和动植物资源，让公众了解湿地的重要性，提升公众保护湿地环境、保护野生动植物的自觉性。

6. 定期开展野生动物监测

野生动物特别是鸟类作为白塔湖湿地最重要的生物资源，不仅反映了湿地环境的健康状况，而且是湿地为野生动物提供栖息地这一生态服务功能的直接体现。野生动物种群和种类数量的变化，可以反映白塔湖湿地环境的变化，作为湿地生态环境保护成效的重要佐证指标，为白塔湖湿地公园保护政策的制定提供科学依据。

参考文献

［1］SMITH A T，解焱. 中国兽类野外手册［M］. 长沙：湖南教育出版社，
2009.

［2］The IUCN Red List of Threatened Species［EB/OL］.［2019-01-02］. https：//
maps. iucnredlist. org.

［3］蔡波，王跃招，陈跃英，等. 中国爬行纲动物分类厘定［J］. 生物多样性，
2015，23(3)：365-382.

［4］陈康贵，曹赐生，曾伯平，等. 湖南省壶瓶山自然保护区兽类多样性研究
［J］. 矿业工程研究，2001，23(1)：66-70.

［5］陈声文，余建平，陈小南，等. 利用红外相机网络调查古田山自然保护区的
兽类及雉类多样性［J］. 兽类学报，2016，36(3)：292-301.

［6］陈小荣，许大明，鲍毅新，等. G-F指数测度百山祖兽类物种多样性［J］.
生态学杂志，2013，32(6)：1421-1427.

［7］陈宜瑜，等. 中国动物志·硬骨鱼纲·鲤形目（中卷）［M］. 北京：科学出
版社，1998.

［8］程松林，林剑声. 江西武夷山国家级自然保护区鸟类多样性调查［J］. 动
物学杂志，2011，46(5)：66-78.

［9］褚新洛，等. 中国动物志·硬骨鱼纲·鲇形目［M］. 北京：科学出版社，
1999.

［10］费梁，胡淑琴，叶昌媛，等. 中国动物志·两栖纲（下卷）·无尾目·蛙科
［M］. 北京：科学出版社，2009.

［11］费梁，叶昌媛，胡淑琴，等. 中国动物志·两栖纲（上卷）·总论 蚓螈目 有
尾目［M］. 北京：科学出版社，2006.

［12］费梁，叶昌媛，胡淑琴，等. 中国动物志·两栖纲（中卷）·无尾目［M］.

北京：科学出版社，2009.

［13］费梁，叶昌媛，黄永昭，等.中国两栖动物检索及图解.成都：四川科学技术出版社，2005.

［14］费梁，叶昌媛，江建平.中国两栖动物及其分布彩色图鉴［M］.成都：四川科学技术出版社，2012.

［15］高耀亭，等.中国动物志·兽纲（第八卷）·食肉目［M］.北京：科学出版社，1987.

［16］国务院.国家重点保护野生动物名录（国函〔1988〕144号）［Z］.1988.

［17］黄美华，金贻郎，蔡春抹，等.浙江动物志·两栖类 爬行类［M］.杭州：浙江科学技术出版社，1990.

［18］蒋志刚，纪力强.鸟兽物种多样性测度的G-F指数方法［J］.生物多样性，1999，7(3)：61-66.

［19］蒋志刚，江建平，王跃招，等.中国脊椎动物红色名录［J］.生物多样性，2016，24(5)：500-551.

［20］蒋志刚，马勇，吴毅，等.中国哺乳动物多样性［J］.生物多样性，2015，23(3)：351-364.

［21］蒋志刚，马勇，吴毅，等.中国哺乳动物多样性及地理分布［M］.北京：科学出版社，2015.

［22］乐佩琦，等.中国动物志·硬骨鱼纲·鲤形目（下卷）［M］.北京：科学出版社，2000.

［23］李生强，汪国海，施泽攀，等.红外相机技术监测喀斯特生境兽类和鸟类多样性及活动节律［J］.兽类学报，2016，36(3)：272-281.

［24］李晟，王大军，卜红亮，等.四川省老河沟自然保护区兽类多样性红外相机调查［J］.兽类学报，2016，36(3)：282-291.

［25］毛节荣.浙江动物志·淡水鱼类［M］.杭州：浙江科学技术出版社，1991.

［26］曲利明.中国鸟类图鉴［M］.福州：海峡书局，2014.

［27］生态环境部，中国科学院.中国生物多样性红色名录——脊椎动物卷［Z］.2015.

［28］盛和林.中国哺乳动物图鉴［M］.郑州：河南科学技术出版社，2005.

［29］施小刚，胡强，李佳琦，等.利用红外相机调查四川卧龙国家级自然保护区鸟兽多样性［J］.生物多样性，2017，25(10)：1131-1136.

［30］孙治宇，刘少英，刘洋，等.四川海子山自然保护区大中型兽类多样性调查［J］.兽类学报，2007，27(3)：274-279.

［31］唐庆圆.福建武夷山风景名胜区鸟类群落多样性及两种鸟的繁殖生态研究［D］.福州：福建师范大学，2009.

［32］陶吉兴.浙江林业自然资源野生动物卷［M］.北京：中国农业科学出版社，2002.

［33］汪国海.红外相机技术在广西花坪和猫儿山保护区动物监测中的应用比较［D］.广西师范大学，2016.

［34］汪松，解焱.中国物种红色名录［M］.北京：高等教育出版社，2004.

［35］武鹏峰，刘雪华，蔡琼，等.红外相机技术在陕西观音山自然保护区兽类监测研究中的应用［J］.兽类学报，2012，32(1)：67-71.

［36］肖治术，杜晓军，王学志.利用红外相机对河南宝天曼森林动态监测样地鸟兽的初步调查［J］.生物多样性，2014，22(6)：813-815.

［37］肖治术，王学志，黄小群.青城山森林公园兽类和鸟类资源初步调查：基于红外相机数据［J］.生物多样性，2014，22(6)：788-793.

［38］杨道德，刘松，谷颖乐，等.江西庐山自然保护区两栖动物资源调查［J］.四川动物，2007，26(2)：362-364.

［39］杨道德，熊建利，冯斌，等.湖南阳明山国家级自然保护区两栖爬行动物资源调查［J］.四川动物，2009，28(1)：127-132.

［40］袁景西，张昌友，谢文华，等.利用红外相机技术对九连山国家级自然保护区兽类和鸟类资源的初步调查［J］.兽类学报，2016，36(3)：367-372.

［41］约翰·马敬能，卡伦·菲利普斯，何芬奇，等.中国鸟类野外手册［M］.长沙：湖南教育出版社，2000.

［42］张春光.中国内陆鱼类物种与分布［M］.北京：科学出版社，2016.

［43］张荣祖.中国动物地理［M］.北京：科学出版社，2011.

［44］赵锷.白塔湖的鸟［M］.北京：大众文艺出版社，2013.

［45］赵锷.绍兴野鸟图鉴［M］.北京：科学技术文献出版社，2016.

［46］赵尔宓，黄美华，宗愉，等.中国动物志·爬行纲（第三卷）·有鳞目·蛇
亚目［M］.北京：科学出版社，1998.

［47］赵尔宓，赵肯堂，周开亚，等.中国动物志·爬行纲（第二卷）·有鳞目·蜥
蜴亚目［M］.北京：科学出版社，1999.

［48］赵尔宓.中国蛇类［M］.合肥：安徽科学技术出版社，2006.

［49］浙江省人民政府办公厅.浙江省重点保护陆生野生动物名录（浙政办发
〔2016〕17号）［Z］.2016.

［50］郑光美.中国鸟类分类与分布名录［M］.北京：科学出版社，2017.

［51］郑伟成，章书声，潘成椿，等.红外相机技术监测九龙山国家级自然保护
区鸟兽多样性［J］.浙江林业科技，2014(1)：17-22.

［52］周开亚.中国动物志·兽纲(第九卷)·鲸目 食肉目 海豹总科 海牛目［M］.
北京：科学出版社，2016.

［53］诸葛阳，顾辉清，鲍毅新，等.浙江动物志·兽类［M］.杭州：浙江科学
技术出版社，1989.

［54］诸葛阳，姜仕仕，丁平，等.浙江动物志·鸟类［M］.杭州：浙江科学技
术出版社，1990.

附　录

浙江诸暨白塔湖国家湿地公园野生脊椎动物名录

纲、目、科、种	保护等级	中国特有种	中国生物多样性红色名录	IUCN红色名录	地理分布
一、哺乳纲 MAMMALIA					
（一）劳亚食虫目 EULIPOTYPHLA					
1）猬科 Erinaceidae					
1. 刺猬 *Erinaceus amurensis*			LC	LC	P
2）鼩鼱科 Soricidae					
2. 臭鼩 *Suncus murinus*			LC	LC	O
（二）翼手目 CHIROPTERA					
3）菊头蝠科 Rhinolophidae					
3. 小菊头蝠 *Rhinolophus pusillus*			LC	LC	O
4. 中华菊头蝠 *Rhinolophus sinicus*			LC	LC	O
4）蝙蝠科 Vespertilionidae					
5. 东亚伏翼 *Pipistrellus abramus*			LC	LC	P
6. 大棕蝠 *Eptesicus serotinus*			LC	LC	O
7. 中管鼻蝠 *Murina huttoni*			LC	LC	O
（三）兔型目 LAGOMORPHA					
5）兔科 Leporidae					
8. 华南兔 *Lepus sinensis*			LC	LC	O

续　表

纲、目、科、种	保护等级	中国特有种	中国生物多样性红色名录	IUCN 红色名录	地理分布
（四）啮齿目 RODENTIA					
6）松鼠科 Sciuridae					
9. 赤腹松鼠 Callosciurus erythraeus			LC	LC	O
7）仓鼠科 Crietidae					
10. 东方田鼠 Microtus fortis			LC	LC	P
8）鼠科 Muridae					
11. 巢鼠 Micromys minutus			LC	LC	O
12. 小家鼠 Mus musculus			LC	LC	P
13. 北社鼠 Niviventer confucianus			LC	LC	O
14. 黑线姬鼠 Apodemus agrarius			LC	LC	P
15. 褐家鼠 Rattus norvegicus			LC	LC	O
16. 黄毛鼠 Rattus losea			LC	LC	O
（五）食肉目 CARNIVORA					
9）鼬科 Mustelidae					
17. 黄鼬 Mustela sibirica	省重点		LC	LC	P
18. 黄腹鼬 Mustela kathiah	省重点		NT	LC	O
19. 鼬獾 Melogale moschata			NT	LC	O
二、鸟纲 AVES					
（一）䴙䴘目 PODICIPEDIFORMES					
1）䴙䴘科 Podicipedidae					
1. 小䴙䴘 Tachybaptus ruficollis			LC	LC	E
（二）鲣鸟目 SULIFORMES					

续 表

纲、目、科、种	保护等级	中国特有种	中国生物多样性红色名录	IUCN红色名录	地理分布
2）鸬鹚科 Phalacrocoracidae					
2. 普通鸬鹚 Phalacrocorax carbo			LC	LC	Pa
（三）鹈形目 PELECANIFORMES					
3）鹭科 Ardeidae					
3. 苍鹭 Ardea cinerea			LC	LC	E
4. 绿鹭 Butorides striata			LC	LC	O
5. 大白鹭 Ardea alba			LC	LC	Pa
6. 中白鹭 Ardea intermedia			LC	LC	O
7. 白鹭 Egretta garzetta			LC	LC	O
8. 牛背鹭 Bubulcus ibis			LC	LC	O
9. 池鹭 Ardeola bacchus			LC	LC	O
10. 夜鹭 Nycticorax nycticorax			LC	LC	O
11. 黄斑苇鳽 Ixobrychus sinensis			LC	LC	O
12. 栗苇鳽 Ixobrychus cinnamomeus			LC	LC	O
13. 黑苇鳽 Dupetor flavicollis			LC	LC	O
（四）雁形目 ANSERIFORMES					
4）鸭科 Anatidae					
14. 绿头鸭 Anas platyrhynchos	省重点		LC	LC	Pa
15. 斑嘴鸭 Anas zonorhyncha	省重点		LC	LC	Pa
16. 绿翅鸭 Anas crecca	省重点		LC	LC	Pa
（五）鹰形目 ACCIPITRIFORMES					
5）鹰科 Accipitridae					

续 表

纲、目、科、种	保护等级	中国特有种	中国生物多样性红色名录	IUCN红色名录	地理分布
17. 白腹隼雕 *Aquila fasciata*	国Ⅱ		VU	LC	O
18. 赤腹鹰 *Accipiter soloensis*	国Ⅱ		LC	LC	O
19. 苍鹰 *Accipiter gentilis*	国Ⅱ		NT	LC	Pa
20. 普通鵟 *Buteo japonicus*	国Ⅱ		LC	LC	Pa
（六）隼形目 FALCINIFORMES					
6）隼科 Falconidae					
21. 红隼 *Falco tinnunculus*	国Ⅱ		LC	LC	O
22. 游隼 *Falco peregrinus*	国Ⅱ		NT	LC	Pa
（七）鸡形目 GALLIFORMES					
7）雉科 Phasianidae					
23. 灰胸竹鸡 *Bambusicola thoracica*		√	LC	NE	O
24. 环颈雉 *Phasianus colchicus*			LC	LC	E
（八）鹤形目 GRUIFORMES					
8）秧鸡科 Rallidae					
25. 普通秧鸡 *Rallus indicus*			LC	LC	Pa
26. 黑水鸡 *Gallinula chloropus*			LC	LC	O
27. 红脚田鸡 *Zapornia akool*			LC	LC	O
28. 白胸苦恶鸟 *Amauromis phoenicurus*			LC	LC	O
（九）鸻形目 CHARADRIIFORMES					
9）水雉科 Jacanidae					
29. 水雉 *Hydrophasianus chirurgus*			NT	LC	O
10）鸻科 Charadriidae					

续　表

纲、目、科、种	保护等级	中国特有种	中国生物多样性红色名录	IUCN红色名录	地理分布
30. 灰头麦鸡 *Vanellus cinereus*			LC	LC	Pa
31. 灰鸻 *Pluvialis squatarola*			LC	LC	Pa
32. 金鸻 *Pluvialis fulva*			LC	LC	Pa
33. 长嘴剑鸻 *Charadrius placidus*			NT	LC	Pa
34. 金眶鸻 *Charadrius dubius*			LC	LC	Pa
35. 环颈鸻 *Charadrius alexandrinus*			LC	LC	Pa
11）鹬科 Scolopacidae					
36. 矶鹬 *Actitis hypoleucos*			LC	LC	Pa
37. 鹤鹬 *Tringa erythropus*			LC	LC	Pa
38. 扇尾沙锥 *Gallinago gallinago*			LC	LC	Pa
39. 针尾沙锥 *Gallinago stenura*			LC	LC	Pa
40. 白腰草鹬 *Tringa ochropus*			LC	LC	Pa
41. 泽鹬 *Tringa stagnatilis*			LC	LC	Pa
42. 林鹬 *Tringa glareola*			LC	LC	Pa
43. 青脚鹬 *Tringa nebularia*			LC	LC	Pa
（十）鸽形目 COLUMBIFORMES					
12）鸠鸽科 Columbidae					
44. 山斑鸠 *Streptopelia orientalis*			LC	LC	O
45. 珠颈斑鸠 *Streptopelia chinensis*			LC	LC	O
（十一）鹃形目 CUCULIFORMES					
13）杜鹃科 Cuculidae					
46. 大杜鹃 *Cuculus canorus*	省重点		LC	LC	O

续　表

纲、目、科、种	保护等级	中国特有种	中国生物多样性红色名录	IUCN红色名录	地理分布
47. 小杜鹃 *Cuculus poliocephalus*	省重点		LC	LC	O
48. 小鸦鹃 *Centropus bengalensis*	国Ⅱ		LC	LC	O
（十二）鸮形目 STRIGIFORMES					
14）草鸮科 Tytonidae					
49. 草鸮 *Tyto longimembris*	国Ⅱ		DD	LC	O
15）鸱鸮科 Strigidae					
50. 斑头鸺鹠 *Glaucidium cuculoides*	国Ⅱ		LC	LC	O
51. 领角鸮 *Otus lettia*	国Ⅱ		LC	LC	O
52. 长耳鸮 *Asio otus*	国Ⅱ		LC	LC	Pa
（十三）佛法僧目 CORACIIFORMES					
16）翠鸟科 Alcedinidae					
53. 普通翠鸟 *Alcedo atthis*			LC	LC	O
54. 蓝翡翠 *Halcyon pileata*			LC	LC	O
（十四）犀鸟目 BUCEROTIFORMWS					
17）戴胜科 Upupidae					
55. 戴胜 *Upupa epops*	省重点		LC	LC	O
（十五）啄木鸟目 PICFORMES					
18）啄木鸟科 Picidae					
56. 斑姬啄木鸟 *Picumnus innominatus*	省重点		LC	LC	O
57. 蚁䴕 *Jynx torquilla*	省重点		LC	LC	Pa
（十六）雀形目 PASSERIFORMES					
19）百灵科 Alaudidae					

续　表

纲、目、科、种	保护等级	中国特有种	中国生物多样性红色名录	IUCN红色名录	地理分布
58. 云雀 *Alauda arvensis*			LC	LC	Pa
59. 小云雀 *Alauda gulgula*			LC	LC	O
20）百灵科 Alaudidae					
60. 家燕 *Hirundo rustica*			LC	LC	O
61. 金腰燕 *Cecropis daurica*			LC	LC	O
21）鹡鸰科 Motacillidae					
62. 白鹡鸰 *Motacilla alba*			LC	LC	Pa
63. 灰鹡鸰 *Motacilla cinerea*			LC	LC	Pa
64. 树鹨 *Anthus hodgsoni*			LC	LC	Pa
65. 水鹨 *Anthus spinoletta*			LC	LC	Pa
66. 北鹨 *Anthus gustavi*			LC	LC	Pa
22）山椒鸟科 Campephagidae					
67. 小灰山椒鸟 *Pericrocotus cantonensis*			LC	LC	O
23）鹎科 Pycnonotidae					
68. 领雀嘴鹎 *Spizixos semitorques*			LC	LC	O
69. 白头鹎 *Pycnonotus sinensis*			LC	LC	O
70. 栗背短脚鹎 *Hemixos castanonotus*			LC	LC	O
71. 黑短脚鹎 *Hypsipetes leucocephalus*			LC	LC	O
72. 绿翅短脚鹎 *Ixos mcclellandii*			LC	LC	O
73. 黄臀鹎 *Pycnonotus xanthorrhous*			LC	LC	O
24）伯劳科 Laniidae					
74. 红尾伯劳 *Lanius cristatus*	省重点		LC	LC	Pa

续 表

纲、目、科、种	保护等级	中国特有种	中国生物多样性红色名录	IUCN红色名录	地理分布
75. 棕背伯劳 *Lanius schach*	省重点		LC	LC	O
25）卷尾科 Dicrurudae					
76. 发冠卷尾 *Dicrurus hottentottus*			LC	LC	O
77. 黑卷尾 *Dicrurus macrocercus*			LC	LC	O
26）椋鸟科 Sturnidae					
78. 八哥 *Acridotheres cristatellus*			LC	LC	O
79. 黑领椋鸟 *Gracupica nigricollis*			LC	LC	Pa
80. 丝光椋鸟 *Spodiopsar sericeus*			LC	LC	O
81. 灰椋鸟 *Spodiopsar cineraceus*			LC	LC	Pa
27）鸦科 Corvidae					
82. 喜鹊 *Pica pica*			LC	LC	Pa
83. 红嘴蓝鹊 *Urocissa erythroryncha*			LC	LC	O
84. 大嘴乌鸦 *Corvus macrorhynchos*			LC	LC	Pa
85. 白颈鸦 *Corvus pectoralis*			NT	NT	O
28）河乌科 Cinclidae					
86. 褐河乌 *Cinclus pallasii*			LC	LC	O
29）鸫科 Turdidae					
87. 乌鸫 *Turdus mandarinus*		√	LC	LC	O
88. 灰背鸫 *Turdus hortulorum*			LC	LC	Pa
89. 斑鸫 *Turdus eunomus*			LC	LC	Pa
90. 白腹鸫 *Turdus pallidus*			LC	LC	Pa
91. 虎斑地鸫 *Zoothera aurea*			LC	LC	Pa

续 表

纲、目、科、种	保护等级	中国特有种	中国生物多样性红色名录	IUCN红色名录	地理分布
30）鹟科 Muscicapidae					
92. 鹊鸲 *Copsychus saularis*			LC	LC	O
93. 红胁蓝尾鸲 *Tarsiger cyanurus*			LC	LC	Pa
94. 红尾水鸲 *Rhyacornis fuliginosa*			LC	LC	O
95. 北红尾鸲 *Phoenicurus auroreus*			LC	LC	Pa
96. 黑喉石鵖 *Saxicola maurus*			LC	NE	Pa
97. 红喉歌鸲 *Calliope calliope*			LC	LC	Pa
98. 北灰鹟 *Muscicapa dauurica*			LC	LC	Pa
99. 灰纹鹟 *Muscicapa griseisticta*			LC	LC	Pa
31）噪鹛科 Leiothrichidae					
100. 画眉 *Garrulax canorus*	省重点		NT	LC	O
101. 黑脸噪鹛 *Garrulax perspicillatus*			LC	LC	O
102. 红嘴相思鸟 *Leiothrix lutea*	省重点		LC	LC	O
32）林鹛科 Timaliidae					
103. 棕颈钩嘴鹛 *Pomatorhinus ruficollis*			LC	LC	O
33）幽鹛科 Pellorneidae					
104. 灰眶雀鹛 *Alcippe morrisonia*			LC	LC	O
34）绣眼鸟科 Zosteropidae					
105. 栗耳凤鹛 *Yuhina castaniceps*			LC	LC	O
106. 暗绿绣眼鸟 *Zosterops japonicus*			LC	LC	O
35）莺鹛科 Sylviidae					
107. 棕头鸦雀 *Sinosuthora webbiana*			LC	LC	O

续　表

纲、目、科、种	保护等级	中国特有种	中国生物多样性红色名录	IUCN红色名录	地理分布
108. 灰头鸦雀 Psittiparus gularis			LC	LC	O
36）扇尾莺科 Cisticolidae					
109. 纯色山鹪莺 Prinia inornata			LC	LC	O
37）苇莺科 Acrocephalidae					
110. 东方大苇莺 Acrocephalus orientalis			LC	LC	Pa
38）柳莺科 Phylloscopidae					
111. 黄眉柳莺 Phylloscopus inornatus			LC	LC	Pa
112. 黄腰柳莺 Phylloscopus proregulus			LC	LC	Pa
39）树莺科 Cettiidae					
113 强脚树莺 Horornis fortipes			LC	LC	O
40）长尾山雀科 Aegithalidae					
114. 银喉长尾山雀 Aegithalos glaucogularis		√	LC	LC	Pa
115. 红头长尾山雀 Aegithalos concinnus			LC	LC	O
41）山雀科 Paridae					
116. 黄腹山雀 Pardaliparus venustulus		√	LC	LC	O
117. 大山雀 Parus cinereus			LC	NE	O
42）雀科 Passeridae					
118. 山麻雀 Passer cinnamomeus			LC	LC	O
119. 麻雀 Passer montanus			LC	LC	E
43）梅花雀科 Estrildidae					
120. 白腰文鸟 Lonchura striata			LC	LC	O

续　表

纲、目、科、种	保护等级	中国特有种	中国生物多样性红色名录	IUCN红色名录	地理分布
121. 斑文鸟 *Lonchura punctulata*			LC	LC	O
44）燕雀科 Fringillidae					
122. 燕雀 *Fringilla montifringilla*			LC	LC	Pa
123. 金翅雀 *Chloris sinica*			LC	LC	E
124. 黑尾蜡嘴雀 *Eophona migratoria*			LC	LC	Pa
125. 黄雀 *Spinus spinus*			LC	LC	Pa
45）鹀科 Emberizidae					
126. 白眉鹀 *Emberiza tristrami*			NT	LC	Pa
127. 黄眉鹀 *Emberiza chrysophrys*			LC	LC	Pa
128. 三道眉草鹀 *Emberiza cioides*			LC	LC	Pa
129. 小鹀 *Emberiza pusilla*			LC	LC	Pa
130. 田鹀 *Emberiza rustica*			LC	VU	Pa
131. 黄喉鹀 *Emberiza elegans*			LC	LC	Pa
132. 灰头鹀 *Emberiza spodocephala*			LC	LC	Pa
133. 黄胸鹀 *Emberiza aureola*	省重点		EN	CR	Pa
三、爬行纲 REPTILIA					
（一）龟鳖目 TESTUDINES					
1）鳖科 Trionychidae					
1. 中华鳖 *Pelodiscus sinensis*			EN	VU	OP
（二）有鳞目 SQUAMATA					
2）壁虎科 Gekkondiae					
2. 多疣壁虎 *Gekko japonicus*			LC	LC	S/C

续　表

纲、目、科、种	保护等级	中国特有种	中国生物多样性红色名录	IUCN红色名录	地理分布
3）蜥蜴科 Lacertidae					
3. 北草蜥 *Takydromus septentrionalis*		√	LC	LC	O
4）石龙子科 Scincidae					
4. 中国石龙子 *Plestiodon chinensis*			LC	—	S/C
5. 铜蜓蜥 *Sphenomorphus indicus*			LC	—	O
5）蝰科 Viperidae					
6. 短尾蝮 *Gloydius brevicaudus*			NT	—	OP
6）游蛇科 Colubridae					
7. 乌梢蛇 *Ptyas dhumnades*		√	VU	—	O
8. 赤链蛇 *Lycodon rufozonatum*			LC	LC	OP
9. 黑眉晨蛇（黑眉锦蛇）*Orthriophis taeniurus（Elaphe taeniura）*	省重点		EN	—	OP
10. 王锦蛇 *Elaphe carinata*	省重点		EN	—	OP
11. 红纹滞卵蛇 *Oocatochus rufodorsatus*			LC	—	OP
12. 虎斑颈槽蛇 *Rhabdophis tigrinus*			LC	—	OP
13. 赤链华游蛇 *Trimerodytes annularis*			VU	—	O
四、两栖纲 AMPHIBIA					
无尾目 ANURA					
1）蟾蜍科 Bufonidae					
1. 中华蟾蜍 *Bufo gargarizans*			LC	LC	OP
2）姬蛙科 Microhylidae					
2. 饰纹姬蛙 *Microhyla fissipes*			LC	LC	S/C
3. 小弧斑姬蛙 *Microhyla heymonsi*			LC	LC	S/C

续　表

纲、目、科、种	保护等级	中国特有种	中国生物多样性红色名录	IUCN红色名录	地理分布
3）叉舌蛙科 Dicroglossidae					
4. 泽陆蛙 *Fejervarya multistriata*			DD	DD	S/C
5. 虎纹蛙 *Hoplobatrachus chinensis*	国Ⅱ		LC	—	S/C
4）蛙科 Ranidae					
6. 弹琴蛙 *Nidirana adenopleura*		√	LC	—	O
7. 阔褶水蛙 *Hylarana latouchii*		√	LC	LC	S/C
8. 黑斑侧褶蛙 *Pelophylax nigromaculatus*			NT	NT	OP
9. 金线侧褶蛙 *Pelophylax plancyi*		√	LC	LC	OP
10. 镇海林蛙 *Rana zhenhaiensis*		√	LC	LC	S/C
五、鱼纲 PISCES					
（一）鳗鲡目 ANGUILLIFORMES					
1）鳗鲡科 Anguillidae					
1. 鳗鲡 *Anguilla japonica*			EN	EN	S/C
（二）鲱形目 CLUPEIFORMES					
2）鳀科 Engraulidae					
2. 刀鲚 *Coilia nasus*			LC	—	S/C
（三）鲤形目 CYPRINIFORMES					
3）鲤科 Cyprinidae					
3. 中华细鲫 *Aphyocypris chinensis*			LC	LC	OP
4. 草鱼 *Ctenopharyngodon idella*			LC	—	OP
5. 青鱼 *Mylopharyngodon piceus*			LC	DD	OP
6. 达氏鲌 *Chanodichthys dabryi*			LC	LC	OP

续　表

纲、目、科、种	保护等级	中国特有种	中国生物多样性红色名录	IUCN红色名录	地理分布
7. 蒙古鲌 *Chanodichthys mongolicus*			LC	LC	OP
8. 翘嘴鲌 *Culter alburnus*			LC	—	OP
9. 红鳍原鲌 *Cultrichthys erythropterus*			LC	LC	OP
10. 鳘 *Hemiculter leucisculus*			LC	LC	OP
11. 团头鲂 *Megalobrama amblycephala*		√	LC	LC	C
12. 鳊 *Parabramis pekinensis*			LC	—	OP
13. 银飘鱼 *Pseudolaubuca sinensis*			LC	LC	OP
14. 似鳊 *Toxabramis swinhonis*			LC	—	OP
15. 黄尾鲴 *Xenocypris davidi*			LC	—	OP
16. 鳙 *Aristichthys nobilis*			LC	DD	OP
17. 鲢 *Hypophthalmichthys molitrix*			LC	NT	OP
18. 兴凯鱊 *Acheilognathus chankaensis*			LC	—	OP
19. 缺须鱊 *Acheilognathus imberbis*		√	LC	—	OP
20. 大鳍鱊 *Acheilognathus macropterus*			LC	DD	OP
21. 方氏鳑鲏 *Rhodeus fangi*			LC		OP
22. 高体鳑鲏 *Rhodeus ocellatus*			LC	DD	OP
23. 中华鳑鲏 *Rhodeus sinensis*			LC	LC	OP
24. 棒花鱼 *Abbottina rivularis*			LC	—	OP
25. 唇鲭 *Hemibarbus labeo*			LC	—	OP
26. 花鲭 *Hemibarbus maculatus*			LC	—	OP
27. 福建小鳔鮈 *Microphysogobio fukiensis*		√	DD	LC	S/C

续　表

纲、目、科、种	保护等级	中国特有种	中国生物多样性红色名录	IUCN 红色名录	地理分布
28. 麦穗鱼 *Pseudorasbora parva*			LC	LC	OP
29. 黑鳍鳈 *Sarcocheilichthys nigripinnis*			LC	—	OP
30. 华鳈 *Sarcocheilichthys sinensis*			LC	LC	OP
31. 银鮈 *Squalidus argentatus*			LC	DD	OP
32. 点纹银鮈 *Squalidus wolterstorffi*		√	LC	LC	OP
33. 鲫 *Carassius auratusauratus*			LC	LC	OP
34. 白鲫 *Carassiu sauratuscuvieri*					OP
35. 银鲫 *Carassius auratusgibelio*			LC	—	OP
36. 鲤 *Cyprinus carpio*			LC	VU	OP
4）花鳅科 Cobitidae					
37. 中华花鳅 *Cobitis sinensis*		√	LC	LC	O
38. 泥鳅 *Misgurnus anguillicaudatus*			LC	LC	OP
（四）鲶形目 SILURIFORMES					
5）鲶科 Siluridae					
39. 鲶 *Silurus asotus*			LC	LC	OP
40. 大口鲶 *Silurus meridionalis*		√	LC	LC	S/C
6）鲿科 Bagridae					
41. 黄颡鱼 *Pseudobagrus fulvidraco*			LC	—	OP
42. 盎堂拟鲿 *Pseudobagrus ondon*		√	DD	LC	C
（五）颌针鱼目 BELONIFORMES					
7）大颌鳉科 Adrianichthyidae					

续　表

纲、目、科、种	保护等级	中国特有种	中国生物多样性红色名录	IUCN红色名录	地理分布
43. 青鳉 *Oryzias latipes*			LC	LC	OP
8）鱵科 Hemiramphidae					
44. 间下鱵 *Hyporhamphus intermedius*			LC	—	S/C
（六）合鳃鱼目 SYNBRANCHIFORMES					
9）合鳃鱼科 Synbranchidae					
45. 黄鳝 *Monopterus albus*			LC	LC	OP
10）刺鳅科 Mastacembelidae					
46. 中华光盖刺鳅 *Sinobdella sinensis*			DD	LC	S/C
（七）鲈形目 PERCIFORMES					
11）鮨鲈科 Pecichthyidae					
47. 翘嘴鳜 *Siniperca chuatsi*			LC	—	OP
12）沙塘鳢科 Odontobutidae					
48. 小黄黝鱼 *Micropercops swinhonis*		√	LC	LC	OP
49. 河川沙塘鳢 *Odontobutis potamophila*		√	LC	—	S/C
13）虾虎鱼科 Gobiidae					
50. 黏皮鲻虾虎鱼 *Mugilogobius myxodermus*		√	DD	—	S/C
51. 波氏吻虾虎鱼 *Rhinogobius cliffordpopei*			LC	—	OP
52. 子陵吻虾虎鱼 *Rhinogobius giurius*			LC	LC	OP
14）鳢科 Channidae					
53. 乌鳢 *Channa argus*			LC	—	OP

续 表

纲、目、科、种	保护等级	中国特有种	中国生物多样性红色名录	IUCN红色名录	地理分布
15）棘臀鱼科 Centrarchidae					
54. 大口黑鲈 *Micropterus salmoides*				LC	

注：①保护等级：国Ⅱ－国家Ⅱ级重点保护野生动物；省重点－浙江省重点保护陆生野生动物。

②濒危等级： CR－极危；EN－濒危；VU－易危；NT－近危；LC－无危；DD－数据缺乏；"—"－未评估。

③地理分布：O－东洋界分布；C－东洋界华中区分布；S/C－东洋界华中区和华南区分布；OP－东洋界和古北界广布。

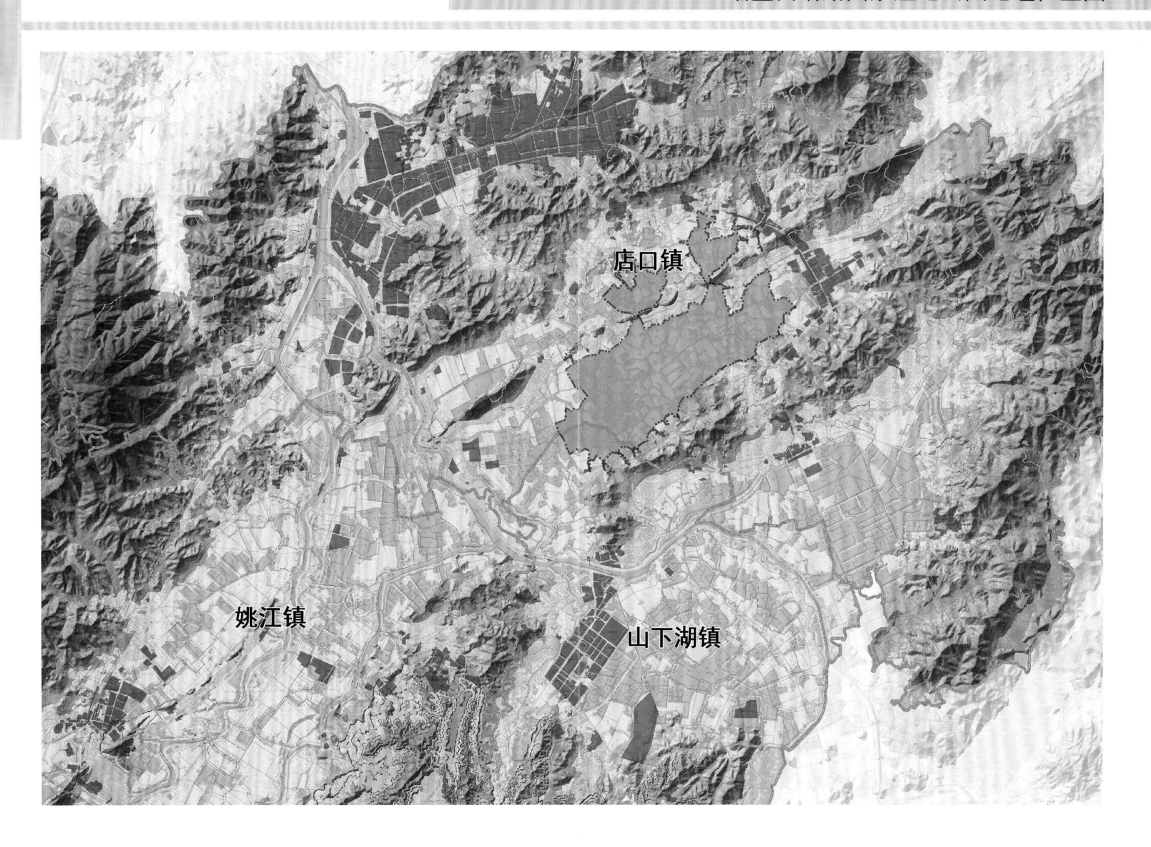

店口镇

姚江镇

山下湖镇

0 0.25 0.5 1 1.5 2 km

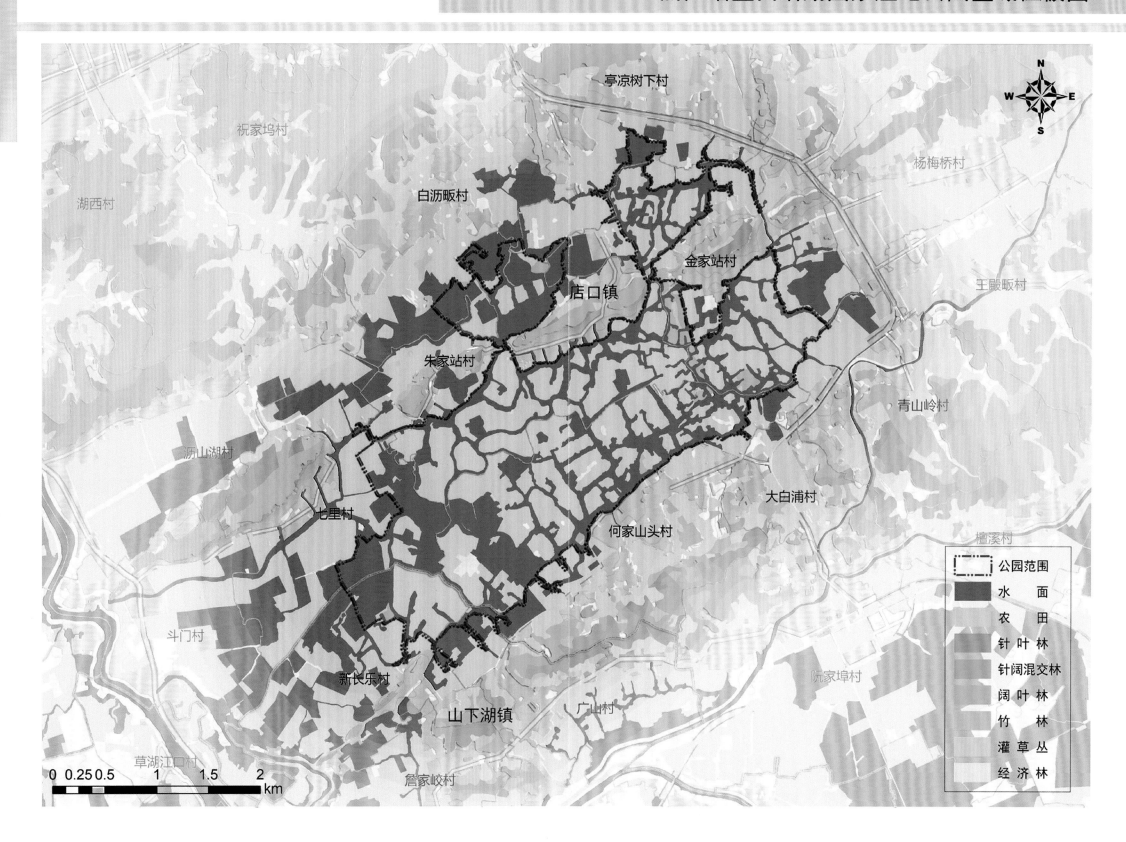

浙江诸暨白塔湖国家湿地公园区域植被图

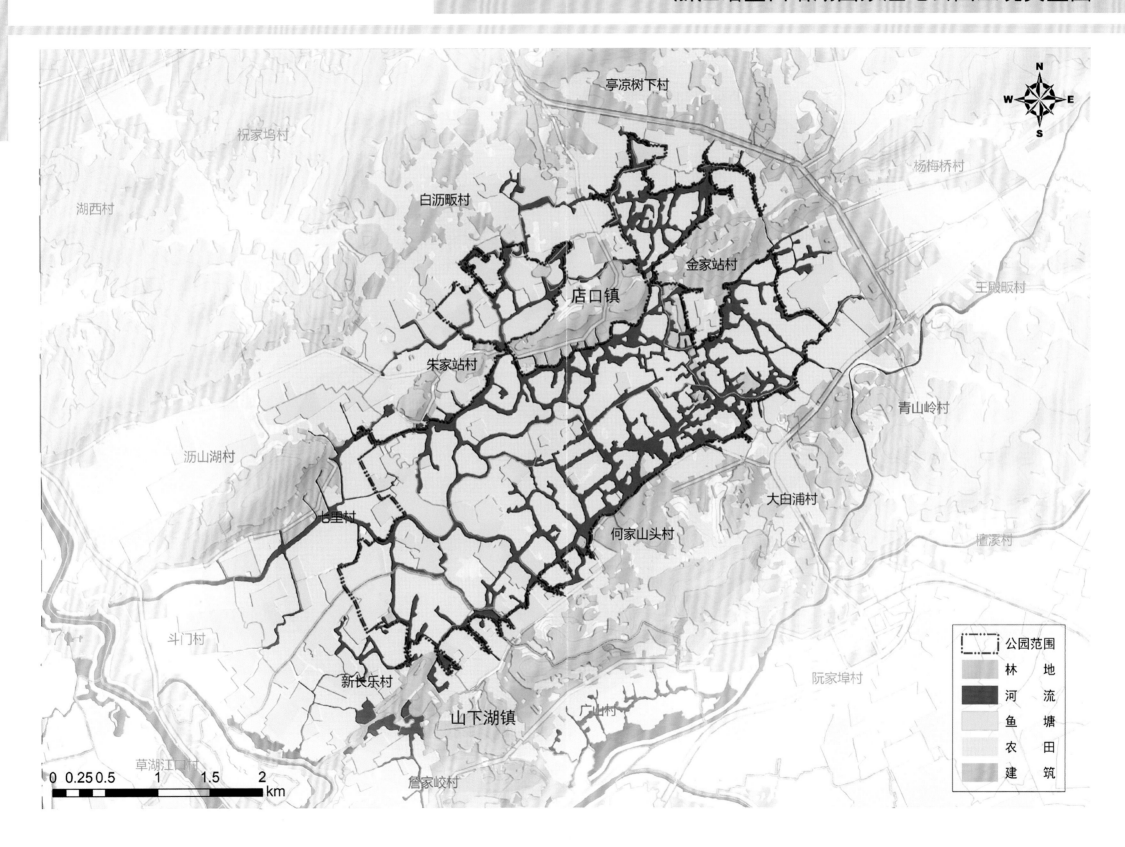